"十四五"职业教育部委级规划教材

印染产品质量控制

（第3版）

郭常青　曹修平　主　编

许　兵　副主编

中国纺织出版社有限公司

内 容 提 要

本书基于印染企业生产过程，以培养学生的印染产品质量控制与管理技能为主线，主要介绍了质量控制理论基础、印染产品质量指标影响因素与控制、印染产品常见疵病分析等。全书共分为6个项目，分别是质量控制基础、练漂产品质量控制、染色产品质量控制、印花产品质量控制、整理产品质量控制、纺织品质量评价标准，共包含了24个学习任务。附录为6套课程综合能力训练自测试题，便于学生巩固基础知识及进行期末复习。

本书为职业院校数字化染整技术专业教材，还可供印染企业技术人员及相关行业管理人员阅读参考。

图书在版编目（CIP）数据

印染产品质量控制 / 郭常青，曹修平主编；许兵副主编. --3 版. --北京：中国纺织出版社有限公司，2021.12

"十四五"职业教育部委级规划教材

ISBN 978-7-5180-8974-1

I. ①印… Ⅱ. ①郭… ②曹… ③许… Ⅲ. ①染整—产品质量—质量控制—职业教育—教材 Ⅳ. ①TS190.9

中国版本图书馆 CIP 数据核字（2021）第 203840 号

责任编辑：朱利锋　　责任校对：王花妮　　责任印制：何　建

中国纺织出版社有限公司出版发行
地址：北京市朝阳区百子湾东里 A407 号楼　邮政编码：100124
销售电话：010—67004422　传真：010—87155801
http://www.c-textilep.com
中国纺织出版社天猫旗舰店
官方微博 http://weibo.com/2119887771
三河市宏盛印务有限公司印刷　各地新华书店经销
2002 年 3 月第 1 版　2006 年 9 月第 2 版　2021 年 12 月第 3 版第 1 次印刷
开本：787×1092　1/16　印张：12.25
字数：271 千字　定价：68.00 元

第 3 版序

本书坚持以能力为本、以学生为中心的指导思想，注重理论联系实际，重视新品种、新工艺、新设备、新材料、新技术等内容的补充和应用。将科学的质量控制统计方法、ISO 9000 质量管理体系标准、ISO 14000 环境管理体系标准、国际生态纺织品标准 100 和先进数码印花技术等内容有机融入教材之中。为了进一步推进行动导向教学理念，满足项目导向、任务驱动的课程教学模式需要，结合纺织服装类"十四五"职业教育部委级规划教材的要求，在对印染行业企业职业能力调研论证的基础上，组织修订了数字化染整技术专业校企合作项目化教材《印染产品质量控制（第 3 版）》。

本书针对每个项目提出了学习目标，便于学习者有目标地进行学习；同时还编选了学习任务和过关自测题，便于学习者自主学习和自我检验，评估学习成效，有效锻炼了学生自主学习的能力。

本书由从事染整技术专业教学的资深教师和生产技术领军人才编写而成，郭常青、曹修平担任主编，具体参编人员有：山东轻工职业学院曹修平、郭常青、杨秀稳、王开苗、梁菊红、陈英华、许兵、姜秀娟，浙江纺织服装职业技术学院夏建明，青岛英杰泰新材料有限公司修成胜和高密富美特印花有限公司于付才。全书由郭常青整理统稿，曹修平、于付才、修成胜审阅。

在本书编写过程中，全国纺织服装职业教育教学指导委员会染整技术专业教学指导委员会主任郑光洪提出了许多宝贵建议，鲁泰纺织股份有限公司、淄博大染坊丝绸集团有限公司、青岛英杰泰新材料有限公司、高密富美特印花有限公司等企业为本书的编写提供了大力的支持，为编选印染产品常见疵病分析提供了大量的素材。此外，在本书编写过程中参阅了大量印染行业相关的著作和文献，限于篇幅只列出主要参考文献。在此一并致以诚挚的谢意！

限于编者水平，不当之处在所难免，真诚欢迎读者批评指正。

编者
2021 年 5 月于淄博

第 2 版序

《印染产品质量控制》（第二版）是普通高等教育"十一五"部委级规划教材（高职）中的一册，该书第一版是作为我国21世纪职业教育重点建设专业——染整技术专业高等职业教育的系列教材，于2001年由教育部《染整技术专业整体教学方案改革和教材开发研究》课题组组织编写出版后，受到了中、高职院校师生的欢迎和好评，同时也倍受染整企业技术人员的喜爱。但是由于编者水平有限，加之时间仓促，书中存在着不少错漏之处，在几年的使用过程中，作者时刻注意收集读者意见和建议，同时深入企业进行调查研究，在此基础上，对本书的第一版做了较大篇幅的修改。

在编写过程中，参阅了大量国内外专家学者的相关著作、资料和文献，尤其是我国印染界前辈胡木升先生对本书第一版提出了宝贵的意见，谨此向他们表示衷心的感谢！

本次的再版，作者不仅对错误之处进行了修改，同时重视了新技术、新设备、新材料等方面新内容的补充，力求内容更加符合实际，跟上时代的发展。

呈现在广大读者面前的《印染产品质量控制》第二版，虽经编者的精心修改，仍难免有错漏之处，敬请各位读者一如既往地提出指正意见。

编者

2006 年 8 月于淄博

染整技术专业"21 世纪职业教育重点专业教材"之《印染产品质量控制》一书，是根据教育部统一教学大纲，由全国纺织教育学会组织行业专家、资深教师编写的。

编写本教材的指导思想是：坚持以能力为本、以学生为本的指导思想，注重理论联系实际，注重新品种、新工艺、新设备、新材料、新方法等新内容的应用。本教材阐述了产品质量管理的理论，印染产品质量要求指标，印染产品质量影响因素分析，印染产品质量控制因素分析，印染产品疵病分析、预防和修正。

本书是由全国重点建设专业——《染整技术专业整体教学方案改革和教材开发研究》课题组负责编写的，具体编写人员有：曹修平高级讲师、夏建明高级讲师、杨秀稳高级讲师、梁菊红高级讲师、陈英华高级讲师。全书由曹修平统稿。

本书承蒙苏州大学纺织材料学院赵建平副教授和山东省丝绸工业学校宋秀芬高级工程师在百忙中仔细审阅，特此感谢。

由于编者水平有限，加之时间仓促，书中难免有错漏之处，敬请各位读者指正。

编者
2001 年 10 月

一、课程性质

本课程为高等职业院校数字化染整技术专业的专业课，必修课程。

二、参考学时分配

模块	项目	项目名称	参考学时
必学模块	1	项目一　质量控制基础	18
	2	项目二　练漂产品质量控制	12
	3	项目三　染色产品质量控制	12
	4	项目四　印花产品质量控制	14
	5	项目五　整理产品质量控制	12
选学模块	6	项目六　纺织品质量评价标准	4
总学时			72

三、课程培养目标

（一）应知目标

1. 熟知质量管理基本术语、基础理论知识和常用质量统计方法。

2. 掌握主次因素排列图法、因果分析图法的作图步骤及注意事项。

3. 掌握染整产品质量指标要求、主要影响因素及控制措施。

4. 熟悉常见染整疵病外观形态、产生原因和克服办法。

5. 理解印染产品质量指标检测方法与评定标准。

6. 理解质量管理循环（PDCA 循环）工作程序及特点。

7. 了解 ISO 9000 质量管理体系标准、ISO 14000 环境管理体系标准、国际生态纺织品标准 100 及其应用情况。

（二）应会目标

1. 能正确理解质量管理基本术语及质量管理对企业、员工、客户的意义。

2. 能灵活运用主次因素排列图和因果分析图，寻找主要问题及解决办法。

3. 能根据染整专业知识，分析印染产品质量指标要求、影响因素及控制措施。

4. 能识别练漂、染色、印花、整理产品的常见疵病形态。

5. 能应用因果分析图法分析印染疵病产生的原因，并能制订相应克服办法。

6. 初步学会使用质量管理循环（PDCA 循环）进行班组管理。

7. 能知晓 ISO 9000 质量管理体系标准、ISO 14000 环境管理体系标准、国际生态纺织品标准 100 在我国的应用情况及实施意义。

四、课程教学基本要求

课程教学包括课前自主学习、课堂教学（包含展示印染产品样品、观看生产视频等）、实践教学、课堂练习、项目过关自测、综合能力测试等环节。通过各教学环节重点培养学生对理论知识的运用能力和自主解决问题的能力。

（一）课堂教学

采用项目导向、任务驱动课程教学模式，即以提前下达小组学习任务书的方式，让学生以小组为单位课前完成自主学习任务；课堂上小组代表分享学习成果，教师根据学生对知识的掌握情况进行点评、纠错和统一讲授；课堂教学内容注重与生产实际的联系，通过展示分析疵病样品和观看生产视频等，提高学生对疵病形态的鉴别、分析疵病产生原因及制订防控措施的能力。

（二）实践教学

本课程实践教学分为课堂上的疵病样品分析和生产现场教学。生产现场教学主要是到企业生产一线熟悉和了解印染产品生产过程、质量控制过程和产品检验过程，提高学生理论联系实际和知识运用的能力。

（三）课程考核

本课程采用过程性考核为主、终结考试为辅的考核模式，重在考查学生在完成学习任务中表现出来的能力，旨在培养学生良好的学习习惯，有效提高学生的专业理论水平和知识应用能力。课程考核办法参见下表：

项目	过程考核	期末考试	综合成绩
分值	60~70	30~40	100
评定者	自评、互评、组长、教师	教师	教师

目录

项目一　质量控制基础

【学习目标】

1. 熟知质量管理基本术语、基础理论知识和常用质量控制统计方法，以及质量管理对企业、员工、顾客的意义。

2. 掌握主次因素排列图法、因果分析图法的作图步骤及注意事项，并能灵活应用上述两种方法，寻找主要质量问题及影响质量问题的主要原因，并初步学会制订相应的控制措施。

3. 理解质量管理循环工作程序及特点，并初步学会使用质量管理循环进行班组管理。

4. 了解 ISO 9000 质量管理体系标准、ISO 14000 环境管理体系标准、国际生态纺织品标准 100，并了解其在我国的应用情况及实施意义。

任务一　质量管理基本术语

【学习任务】

1. 解读质量的定义，并分析质量对企业、员工的意义。

2. 解读质量方针的定义，由谁签发及其对企业、顾客、员工的意义。

3. 认知产品、产品质量、质量标准的含义。

4. 认知质量特性的定义，分析质量特性可分为几个方面。

5. 解读工作质量的定义，分析工作质量与产品质量的关系。

6. 解读质量保证的定义，分析质量保证对企业、顾客的意义。

7. 解读质量控制的定义，分析质量控制对企业、员工的意义。

8. 解读质量管理的定义及内容，分析质量管理对企业、员工的意义。

9. 解读质量体系的定义，分析质量体系对企业、顾客、员工的意义。

一、质量

质量是反映实体满足明确和隐含需要能力的特性总和。其中：

实体——即可单独描述或考虑的事物，可以是某项活动或过程，某个产品，某个组织、体系或人，或者是它们的任何组合。

需要——一般可转化为有规定指标的特性，需要可随时间而变化。

隐含需要——虽未明确规定，但实际存在的需要，如客户到印染企业加工窗帘绸，虽未明确提出有关色牢度的要求，但印染企业人员应该知道加工此类产品应该确保一定的耐日晒牢度。

特性——可以用定量或定性规定的要求来表达，如性能、实用性、可信性（可用性、可靠性与维修性）、安全性、环境要求、经济性、美学等。

（1）质量对企业的意义。质量是企业的生命；质量是企业信誉的标志；质量是企业开拓市场的武器；质量是提高企业经济效益的最佳途径。

（2）质量对员工的意义。质量与每位员工的工作有关；质量是全体员工相互配合、共同努力的结果；为保证质量，每位员工都必须积极参与并做好本职工作。

二、质量方针

质量方针是指由组织的最高管理者正式颁布的该组织总的质量宗旨和质量方向。

组织——具备自身职能和独立经营管理的公司、社团、商行、企事业或公共机构，或其中一部分。

最高管理者——组织的最高领导。

质量宗旨——开展质量活动所需要遵守的原则。

质量方向——组织的质量目标。

（1）质量方针对企业的意义。质量方针是企业开展质量活动的总的质量宗旨和方向；企业须按质量方针表达的原则开展各项工作；企业须按质量方针的承诺满足顾客的需要。

（2）质量方针对顾客的意义。质量方针表明生产者对质量及质量管理的态度；表明生产者对质量的承诺及实现承诺的手段；使顾客放心。

（3）质量方针对员工的意义。质量方针是员工开展质量活动的座右铭；员工必须了解质量方针并能通过日常工作来实现质量方针的要求；有利于团队精神的发挥。

三、产品

产品是指活动或过程的结果。产品分类有：硬件产品、软件产品、硬件产品和软件产品的组合、流程性材料、服务等。如企业生产过程中任一环节产生的半成品或成品均可称为产品。

四、产品质量

产品质量是指反映产品满足顾客明确需要和隐含需要能力的特性总和。产品质量的含义很广泛，它可以是技术的、经济的、社会的、心理的、生理的。不论顾客的需要是明确的还是隐含的，均可以把这种需要转化成各种各样的质量特性。产品质量就是靠自身的质量特性来满足社会和人们各种各样的、明确的和隐含的需要。产品是否物美价廉，能否满足人们的需要及其适用的程度，应当成为衡量产品质量好坏的主要标志。因此，从商品的角度来看，产品质量就是产品的使用价值。

五、质量特性

一般来说，常把反映产品使用目的的各种技术经济参数作为产品的质量特性。

1. 质量特性的分类

工业产品的质量特性大体可分为以下7个方面：

（1）物质方面。物理性能、化学成分等。

（2）操作运行方面。操作是否方便，运转是否可靠、安全等。

（3）结构方面。结构是否轻便，是否便于加工、维护保养和修理等。

（4）时间方面。耐用性（使用寿命）、精度保持性、可靠性等。

（5）经济方面。效率、制造成本、使用费用等。

（6）外观方面。外形是否美观大方、包装质量等。

（7）心理、生理方面：织物的舒适程度、机器开动后的声响等。

2. 质量特性的内涵

上述工业产品的质量特性又可概括为以下7个方面：

（1）性能。产品具有的性质和功能，如纺织品的卫生防臭功能、防紫外线功能、抗静电功能等。

（2）实用性。产品适合使用的程度。

（3）可信性。它常用产品的可用性、可靠性、维修性和维修保障性来表示。

（4）安全性。产品在使用过程中保证将人身伤害或损坏的风险限制在可接受水平的状态。

（5）环境要求。产品在使用过程中是否产生公害、污染环境、影响人的身心健康等。

（6）经济性。产品的生命周期成本，具体来说，是指产品结构、重量、用料、成本以及使用产品时的动力、燃料等能源消耗。一般用它来衡量产品的经济效果。

（7）美学要求。即讲究产品的结构设计合理、制造工艺先进以及外观造型艺术性三者的统一，产品尽量能体现功能美、工艺美、色彩美、形体美、和谐美、舒适美等要求。

这些质量特性，区分了不同产品的不同用途，满足了人们的不同需要。人们就是根据工业产品的这些特性满足社会和人民需要的程度，来衡量工业产品质量优劣的。工业产品的质量特性有一些是可以直接定量的，如织物的强度、化学成分、柔软度、色牢度、耐久性等，它们反映的是这个工业产品的真正质量特性。但是，在大多数情况下，质量特性是难以定量的，如舒适、美观、大方等，这就要对产品进行综合的和个别的试验研究，确定某些技术参数，以间接反映产品的质量特性，国外称之为代用质量特性。不论是直接定量的还是间接定量的质量特性，都应准确地反映社会用户对产品质量特性的客观要求。

六、工作质量

工作质量是指同产品质量直接有关的各项工作的好坏。如经营管理工作、技术工作和组织工作等。工作质量涉及企业各个层次、各个部门、各个岗位工作的有效性。工作质量取决于企业员工的素质，包括员工的质量意识、责任心、业务水平等。企业决策层（以最高管理者为代表）的工作质量起主导作用，管理层和执行层的工作质量起保证和落实作用。

工作质量一般难以定量，通常是通过产品质量的高低、不合格品率的多少来间接反映和定量。在质量指标中，当全数检查时，有一部分质量指标就属于工作质量指标，例如不合格品率、次品率等；另一部分指标则属于产品质量指标，如优质品率、一级品率、寿命、可靠性指标等。在抽样验收时，一批产品的不合格品率是判断这批产品是接收或拒收的依据。这时，不合格品率既反映了工作质量又反映了产品质量，即反映了被验收的这批产品的总的质量状况。

工作质量与产品质量是既不相同又密切联系的两个概念。产品质量取决于工作质量，它是企业各部门、各环节工作质量的综合反映。

七、质量标准

把反映工业产品主要质量特性的技术经济参数明确规定下来，形成技术文件，这就是工业产品质量标准（或称技术标准）。

八、质量保证

质量保证是为使人们确信某实体能满足质量要求，在质量体系内实施并按需要进行证实的全部有计划的和系统的活动。

（1）质量保证对企业的意义。控制全部影响质量的活动；不断对各项质量活动进行审核和评价，保证企业具有稳定生产满足质量要求的产品的能力；通过质量保证提高全体员工和管理者的信心。

（2）质量保证对顾客的意义。通过质量保证实现顾客的要求；通过质量保证可证实企业具有满足顾客要求的能力；是企业得到顾客信任的有效手段。

九、质量控制

质量控制是指为达到质量要求而采取的作业技术和活动。其中：

控制——制订以及达到预定质量要求的过程，是一个管理过程。包括确定标准、检测结果、发现差异、采取措施调整、达到预定质量要求。

质量要求——对产品的质量要求；对过程的质量要求；对具体工作的质量要求。

作业技术——操作规程、方法；检测规程、方法等。

作业活动——一个具体的工作过程。一个作业活动一般应包括计划、实施、检查等环节。

（1）质量控制对企业的意义。质量控制是实现质量保证的基础；能消除不满意结果的原因，取得经济效益。

（2）质量控制对员工的意义。员工的技能是质量控制的重要内容；员工是实现质量控制的重要因素。

十、质量管理

质量管理是指确定质量方针、目标和职责，并在质量体系中通过质量策划、质量控制、质量保证和质量改进，使其实施的全部管理职能的全部活动。

（1）质量管理是各级管理者的职责。质量管理是企业管理的中心环节和重要组成部分；

质量管理责任必须由最高管理者承担；质量管理需要全员参与并承担相应义务和责任。

（2）质量管理职能。包括质量方针制订与实施；实施质量方针就须对质量策划、资源及其他与质量有关的系统活动进行控制；质量管理的目的是实现质量保证和质量改进。

（3）质量管理的内容。包括质量方针和目标的判定与实施；建立质量体系；确定并落实各部门、各类人员的质量职责和权力；开展质量控制活动；考虑经济因素（质量成本控制）；质量培训等。

（4）质量管理的意义。

①质量管理对企业的意义。质量管理是企业管理的一个重要组成部分，搞好质量管理有利于企业管理水平的提高；管理水平的提高有利于提高各项工作质量，保证产品质量，赢得用户的信任；提高企业的经济效益。

②质量管理对员工的意义。质量管理需要全员的积极参与；全体员工在质量管理活动中提高自身素质，发挥自身的作用。

十一、质量体系

质量体系是指为实施质量管理所需要的组织结构、程序、过程和资源。其中：

组织结构——企业的组织体制、隶属关系、职责、权限和相互联系方式。

程序——为完成质量活动所规定的途径；形成文件（书面程序常包括某项活动的目的和范围，做什么和谁来做，何时、何地和如何做；要用什么材料、设备和文件以及如何控制和记录）；科学、实用、相互协调。

过程——将输入转化为输出的一组相关资源和活动；所有的活动都通过"过程"来完成；保证"过程"质量是实现质量要求的基础。

资源——包括人才资源（专业技能）、资金、设施（研制、生产、检测设备等）、专业技术和方法（开发和生产的软件）等。

（1）质量体系对企业的意义。质量体系是企业实施质量管理的必备条件；企业必须建立和维持完善的质量体系；完善并有效运行的质量体系可使企业产品的质量水平不断提高；完善并有效运行的质量体系可使企业获得发展。

（2）质量体系对顾客的意义。一个已建立并能有效维持质量体系的企业才能相信其产品质量的稳定和提高；向具有完善质量体系的企业采购产品是保证质量的有效途径。

（3）质量体系对员工的意义。质量体系与每位员工有关；质量体系的维持和改进是每位员工的职责。

任务二　质量管理基础知识

【学习任务】

1. 分析产品质量的形成过程及其分类。

2. 概述质量管理的发展过程。

3. 归纳全面质量管理的特点及内容。

4. 分析建立和健全质量保证体系应做好哪些工作。

5. 解读质量管理循环（PDCA 循环）的含义及其工作步骤。

6. 分析 PDCA 循环的特点。

7. 简述控制和提高产品质量的意义。

一、产品质量形成过程

产品质量是通过生产的全过程一步一步产生、形成和实现的。好的产品质量，首先是设计和生产出来的，不是单纯检验出来的。一般来说，产品质量产生和形成的过程，大致经过市场调查研究、新产品设计和开发、工艺策划和开发、采购、生产制造、检验、包装和储存、产品销售以及售后服务等重要环节，其详细过程可以用一个螺旋形上升循环示意图来表示，如图 1-1 所示。此螺旋称为朱兰质量螺旋。

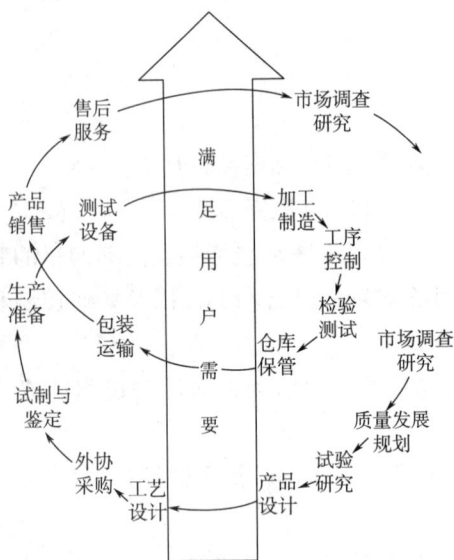

图 1-1 产品质量螺旋形上升循环示意图

从图 1-1 中可以看到，产品质量在产生、形成和实现的过程中，各个环节之间存在着相互依存、相互制约、相互促进的关系，并不断循环，周而复始。每经过一次循环，产品质量就提高一步。

从产品质量的产生、形成和实现的过程，可以把产品质量进一步分为以下几种。

（1）调研质量。调研质量是指确定和完善满足市场需要的产品质量。

（2）设计质量。设计质量是指把市场需要转化为在规定等级内的产品设计特性，最终通过图样和技术文件的质量来体现。

（3）制造质量。制造质量是指确保为顾客所提供的产品同所设计的产品的特性相一致。换句话说，它是指按设计规定制造产品时实际达到的实物质量。

（4）使用质量。使用质量是指在产品寿命周期内按需要提供服务保障的质量。

从产品质量的产生、形成和实现的过程可以看到，在产品质量产生、形成和实现过程的各个环节中的各项活动，都对产品质量有直接或间接的贡献和影响作用。如设计、生产制造等对产品质量有直接作用，而教育培训、后勤保障等对产品质量有间接作用。质量管理所要解决的基本问题，就是要对分散在企业各部门的各项活动进行有效的组织、协调、检查和监督，从而保证工作质量和提高产品质量。由此可见，质量管理必然是全过程、全员的管理。

二、质量管理及其发展

关于质量管理的定义，各国学者有着不同的论述，但基本内容是一致的。美国质量管理专家费根堡姆认为："质量管理是把一个组织内部各个部门在质量发展、质量保持、质量改进的努力结合起来的一个有效体系，以便使生产和服务达到最经济水平，并使用户满意。"日本著名的质量管理学家石川馨教授认为，质量管理是"用最经济的方法，生产适合买方要求质量的产品，是最经济、最起作用的，并且为研制买方满意的产品进行设计、生产、销售和服务。"综上所述，质量管理是指用最经济、最有效的手段进行设计、生产和服务，以生产出用户满意的产品。

质量管理工作的步骤一般是根据实践和试验，发现产品质量上的薄弱环节和问题，从科学技术原理、工艺、心理上研究其产生的原因；在技术组织管理上，采取有针对性的改进措施，并组织稳定的生产工艺路线，切实加以改进，将改进的结果同原来情况对比，看是否达到预期效果；在主要质量问题得到解决时，次要问题又上升为主要矛盾，这时再重复上述过程，以解决新产生的质量问题。

质量管理可以说就是对质量进行控制。质量管理发展的历史到今天已经进入了第五个阶段。

（一）单纯质量检验阶段

20 世纪初~40 年代，这一时期的质量管理工作是单纯依靠检验，剔出废品，以保证产品质量。其方法是依靠检查人员的经验和责任心全数检验或抽样检验，其作用是事后把关，不让不合格品出厂或转到下道工序。但是，它对已产生的废次品只能起到"事后检验"的作用，而不能避免不合格品的发生，而且对那些不便全数检验的产品，如炮弹、感光胶片等，也无法起到把关的作用。

（二）统计质量控制阶段

20 世纪 40~50 年代，欧美一些国家开始运用概率论与数理统计的方法控制生产过程，预防不合格产品的产生。数理统计方法是在生产过程中进行系统地抽样检查，而不是事后全检。它的具体做法是将测得的数据记录在管理图上，可及时观察和分析生产过程中的质量情况。当发现生产过程中质量不稳定时，能及时找出原因，采取措施，消除隐患，防止废品再发生，以达到保证产品质量的目的。把质量检验发展到由事后把关变成事前控制。

但是，由于片面强调质量管理统计方法，忽视组织管理工作的积极作用，使人们误认为质量管理就是运用数理统计方法。同时，因数理统计理论比较深奥，计算方法也较复杂，人们对它产生高不可攀的错觉，因此，在一定程度上限制了它的普及与推广。

（三）全面质量管理阶段

20 世纪 50 年代末~60 年代，进入全面质量管理的阶段，开始叫 TQC（Total Quality Control），后来发展到 TQM（Total Quality Management）。最主要特点是：抓质量不仅是抓生产制造的质量，也是从源头抓起，贯穿于从设计开始一直到售后服务的全过程，要动员全体员工参与这项活动，要以顾客为关注的中心来开展活动。因此全面质量管理意味着是全攻全守型的阶段。

（四）质量保证阶段

20世纪60年代，是质量保证阶段。就是我们所说的QA（Quality Assurance），以军工企业为代表，把企业一切应该做的事情订立成质量手册，通过程序文件以及一系列的质量表格文件来控制，它的观点是想到的就要写到，写到的就要做到。用严密的程序手册来保证过程的进行。一直延续到我国20世纪80年代后期～90年代。其中最典型的就是ISO 9000系列标准。

（五）零缺陷的质量管理阶段

21世纪以后，进入质量哲学时代，这是以美国克劳斯比为代表的。他主张抓质量，主要是抓住根本，就是人。人的素质提高了，才能真正使质量获得进步。它的目标是第一次就把事情做对，而且把每次做对作为奋斗方向。

回顾质量管理经营的五个阶段，可以看到，我们的企业、国家现在处于一个混合阶段。有很多企业在申报ISO 9000系列标准，有的在采用全面质量管理的手法和办法，但是另外一方面却又检验、把关都没有到位。从这个意义上讲，很多企业的质量管理是夹生饭，是混合性的管理。这也说明，我们的工作有很多难点。

三、全面质量管理和质量保证体系

（一）全面质量管理的特点

全面质量管理是指企业全体职工及有关部门同心协力，综合运用管理技术、专业技术和科学方法，经济地开发、研制、生产和销售用户满意的产品的管理活动。从这一定义出发，全面质量管理具有以下特点。

（1）管理的对象是全面的。不仅要管理好、控制好产品质量，而且要管好产品质量赖以形成的工作质量。它要求保证质量、功能、价廉、及时交货、服务周到，使用户满意为前提。

（2）管理的范围是全面的。即实行全过程的质量管理，要求把形成产品质量的设计试制过程、制造过程、辅助生产过程、使用过程都管起来，以便全面提高产品质量。

（3）参加质量管理的人员是全面的。它要求企业各部门、各环节的全体职工都参加质量管理，"质量管理，人人有责"。

（4）管理质量的方法是全面的。在质量分析和质量控制上都必须以数据为科学依据，以统计质量控制方法为基础，全面综合运用各种质量管理方法，实行组织管理、专业技术、数理统计三结合，充分发挥它们在质量管理中的作用。

（二）全面质量管理的内容

全面质量管理包括设计试制、制造、辅助生产、使用过程的质量管理与质量控制。

1. 设计试制过程的质量管理与控制

设计试制过程包括调查研究、产品设计、工艺设计、工装设计与制造、样品试制鉴定等环节。设计试制过程对产品质量的形成起着决定作用，因而是质量管理的关键环节。设计试制过程应做好以下工作：

（1）制订好产品质量目标；

（2）参与设计审查、工艺验证和试制鉴定；

（3）进行产品质量的经济分析。

2. 制造过程的质量管理与控制

制造过程是产品质量的直接形成过程，因此这一过程管理的重点是建立一个能够稳定地生产合格产品的管理网络，抓好每个环节上的质量保证和预防工作，即把影响工序的因素都管起来，防止和减少废品的产生。同时要做到不合格的原材料不投产，不合格的半制品不转下道工序，不合格的成品不出厂，保证出厂产品都合格。制造过程的质量管理应抓好以下工作：

（1）提高工艺质量，严格工艺纪律；

（2）组织均衡生产和文明生产；

（3）组织技术检验，加强对不合格品的管理；

（4）及时掌握质量动态，进行质量分析；

（5）运用统计质量控制方法，搞好工序质量控制。

3. 辅助生产过程的质量管理

企业辅助生产过程主要包括物资供应、工具供应、设备维修等内容。这些工作的好坏都直接影响制造过程的质量。因此，搞好辅助生产过程的质量管理，提高这些环节的工作质量，就能为制造过程实现优质、高产、低耗创造必要的条件。

4. 使用过程的质量管理

产品的质量特性是根据使用要求设计的，产品实际质量的好坏，只有在使用过程中才能做出充分的评价。因此，企业的质量管理工作必须从生产过程延伸到使用过程，使用过程是考验产品实际质量的过程，是质量管理的"归宿点"，又是企业质量管理的起点。产品使用过程的质量管理，应抓好以下工作：

（1）积极开展技术服务，如民用电器中编写产品使用保养说明书，帮助用户培训操作维修人员，指导用户安装和调试，建立维修服务网点，提供用户所需备品配件等；

（2）进行使用效果与使用要求的调查；提高售后服务，变"三包"（包修、包换、包退）为"三保"（保证向用户提供优质产品、充足的配件、良好的服务）。

（三）质量保证体系

质量保证是指生产企业对用户在产品质量方面提供的担保，保证用户购得的产品在寿命期内质量良好，性能、寿命、可靠性、安全性、经济性都符合规定要求，使用正常。质量保证体系是指运用系统的原理和方法，以保证和提高产品质量为目标，把企业各部门、各环节的生产经营活动严密地组织起来，规定它们在质量管理方面的职责、任务和权限，并建立统一协调这些活动的组织机构，在企业内形成一个完整的质量管理有机体。

质量保证体系是全面质量管理深入发展的必然产物。从一些先进企业的实践来看，建立和健全质量保证体系，必须做好以下工作：

（1）加强统一领导，建立全面质量管理网络，严格贯彻质量责任制；

（2）制订质量方针，确定质量目标（预定的长期目标、短期目标），编制质量计划（目标计划、指标计划、改进措施计划）；

（3）运用"计划—实施—检查—处理"质量管理循环（即 PDCA 循环），推动整个质量工作系统运转；

（4）推行质量管理业务标准化，管理流程程序化；

（5）加强质量意识教育，积极开展质量管理小组活动；

（6）建立质量信息反馈系统，不断完善质量管理的基础工作（标准化、计量、理化、情报、责任制）等。

（四）质量管理循环（PDCA 循环）

质量管理循环一般指 PDCA 循环。PDCA 循环是美国质量管理专家休哈特博士首先提出的，由戴明采纳、宣传，获得普及，所以又称戴明环。全面质量管理的思想基础和方法依据就是 PDCA 循环。PDCA 循环的含义是将质量管理分为四个阶段，即 Plan（计划）、Do（执行）、Check（检查）和 Action（处理）。在质量管理活动中，要求把各项工作做出计划，按计划实施，检查实施效果，然后将成功的工作方法纳入标准，不成功的留待下一循环去解决。这一工作方法是质量管理的基本方法，也是企业管理各项工作的一般规律。

1. PDCA 循环的四个阶段

（1）P（Plan）阶段。是计划阶段，确定方针和目标，确定活动计划；

（2）D（Do）阶段。是执行阶段，按照已制订的计划内容，去组织实施，实现计划中的内容；

（3）C（Check）阶段。是检查阶段，总结执行计划的结果，关注效果，找出问题；

（4）A（Action）阶段。是处理阶段，对总结检查的结果进行处理，成功的经验加以肯定并适当推广、标准化；失败的教训加以总结，以免重现，未解决的问题放到下一个 PDCA 循环，作为下一轮 PDCA 循环的第一步。

2. PDCA 循环的八个步骤

PDCA 循环的四个阶段又可以细分为以下八个步骤：

（1）分析现状，找出目前存在的问题。发现问题是解决问题的第一步，是分析问题的前提。

（2）分析各种影响因素或原因。找出问题后分析产生问题的原因，可以使用头脑风暴法等多种集思广益的科学方法，如引起产品质量波动的原因主要来自六个方面：人、机器、材料、方法、环境、测量。尽可能把导致问题的所有原因都罗列出来。

（3）找出影响问题的主要因素。

（4）拟定措施，制订计划。针对导致问题的主要因素制订出具有可操作性的计划。在制订计划时可使用 5W2H 原则，即需要计划好预计达成的目标、采取的措施、执行人员、执行地点、执行时期、成本等内容。

（5）执行、实施计划。即按照预定的计划，在实施的基础上，努力实现预期目标的过程。实施过程中也包括对工作计划的调整（如人员变动、时间变动等）。此外，在这一阶段应同时进行数据采集，收集实施计划时的原始记录和数据等。

（6）检查计划执行结果。使用采集的数据来检查效果，确认目标是否完成。若未出现预期目标，首先应确认是否严格按照计划实施对策，若是有严格按照计划执行，则说明对策失效，需要重新确定最佳方案。

（7）标准化。对有效的措施进行标准化，制订成工作标准，组织有关人员培训，巩固已取得的成绩。

（8）问题总结。对于这一循环未解决的问题，或者新出现的问题进行总结，为开展新一轮的 PDCA 循环提供依据，并转入下一个 PDCA 循环的第一步。

3. PDCA 循环的特点

PDCA 循环，可以使思想方法和工作步骤更加条理化、系统化、图像化和科学化。它具有如下特点。

（1）大环套小环，小环保大环，互相促进，推动大循环。如果把整个企业的工作作为一个大的戴明循环，那么各个部门、小组还有各自小的戴明循环，就像一个行星轮系一样，大环带动小环，一级带一级，有机地构成一个运转的体系。

（2）阶梯式循环上升。PDCA 循环不是在同一水平上循环，每循环一次，就解决一部分问题，取得一部分成果，工作就前进一步，水平就提高一步。到了下一次循环，又有了新的目标和内容，更上一层楼（图 1-2）。

（3）PDCA 循环是综合性循环，四个阶段是相对的，它们之间不是截然分开的。

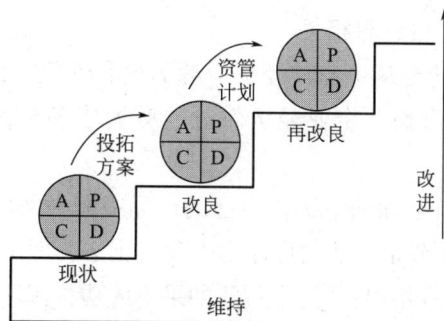

图 1-2　PDCA 循环阶梯式上升示意图

四、控制和提高产品质量的意义

产品质量的优劣是衡量一个国家生产力发展水平以及技术、经济发展水平的重要标志。不断提高产品质量，直接关系到人民生活的逐步改善以及企业本身的生存发展。在国际市场上，20 世纪 80 年代以来，世界各国工业界出现一种流行的说法，认为现代世界正进行着一场没有硝烟的特殊的"第三次世界大战"。这场特殊的大战就是各国正以产品质量为本，在国际市场上展开的激烈竞争，高质量的产品将是这场大战中的胜利的关键。

控制、保证和提高印染产品质量，是我国染整行业发展中的一个重大的战略问题。从国内和国际的实际情况、经济竞争格局来看，企业不断提高产品质量具有十分重要的现实意义。

（一）产品质量与人民生活息息相关

产品质量影响着人们的工作和生活，牵动着人们的切身利益。人们都希望能居住上舒适宽敞的房屋，使用高质量的纺织品，穿着合体美观的服装，食用卫生、营养丰富、口味多样的食品，乘坐安全、便捷的交通工具……这些都反映了人们对产品质量的要求和期盼，人们期盼有更多的优质产品来提高生活质量。

提高产品质量，就能给人们带来利益，保障健康和幸福；给社会带来利益，保障安定和繁荣富强；给企业带来利益，保障企业的生存和发展。

（二）产品质量与市场竞争息息相关

市场经济必然带来市场竞争，优胜劣汰是市场竞争的一种必然结果。市场竞争作为一种具有很强艺术特征的经营活动，从表面看，它体现着企业家的机智、灵感和魄力，但最终起决定作用的是其背后的实力。没有实力的支撑，无论采用多么巧妙的公关活动和市场战略，所能起到的作用往往都是有限的。构成企业市场竞争实力的内容是多方面的，但其最直接、最主要的内容就是产品质量。

一位具有战略眼光的企业家，往往是善于从长远来认识市场竞争的人，他们真正懂得"质量是企业的生命"这句格言的深刻含义，并身体力行地贯彻于企业管理之中，从而使企业在市场竞争中立于不败之地，使企业久盛不衰。

在激烈的国内、外市场竞争中，提高产品质量，就能增强企业的竞争能力，企业就能得到生存和发展。否则，企业终将会被市场淘汰。

（三）产品质量与经济效益息息相关

在商品经济条件下，企业是从事各种经济活动的盈利性经济组织。追求盈利，讲求经济效益是一种很自然、正常的事情。企业经济效益的有无或多少，会直接影响企业的生存和发展。

企业要取得经济效益，就必须通过销售自己的产品或服务的收入，抵偿支出，取得盈利。这里，对企业具有决定性的环节是企业的商品是否卖得出去，即由商品到货币的转化环节。马克思称其为"惊险的跳跃"，并指出："这个跳跃如果不成功，摔坏的不是商品，但一定是商品所有者。"企业所生产的产品能被顾客接受的前提条件就是它具有一定的使用价值，也就是产品的质量符合顾客的要求。否则，产品就会卖不出去，由商品到货币的转换就不能实现，企业预想获取的经济效益也就无法实现，以致企业的再生产过程被中断，甚至有可能破产倒闭。

产品质量上去了，就可以扩大市场占有率，增加销售，增加生产。这样，单位产品成本也就可以降下来。在市场上，由于产品质量提高了，本企业的产品还可以按优质优价来出售，从而给企业带来更多的盈利。

产品质量不仅与企业本身的经济效益息息相关，而且与社会经济效益紧密相关。一个国家的国民经济发展水平，一般都是以数量的增长幅度来表示的，但如果没有质量保证作基础，这种数量的增长也就失去实际效果。

积极推进经济增长方式转变，把提高经济效益作为经济工作的中心，这是我国实现国民经济和社会发展宏伟目标的关键。而经济增长方式转变的实质内容是指从粗放型向集约型的转变,也就是从外延的粗放型向内涵的集约型的转变。外延的粗放型经济增长方式主要是依靠上新项目、铺新摊子、追求数量的扩张来实现经济快速增长。内涵的集约型经济增长方式主要是依靠技术的更新改造和管理、劳动者素质的提高、产品质量的提高来实现经济的快速增长。显然,采取后一种经济增长方式,对企业来说,就必须进行从数量型向质量型的转变,走质量效益型的发展道路。在保证和提高产品质量的前提下,增加产品,扩大经济规模,才能保证经济效益持续稳定的增长,才能有效地实现国民经济和社会发展的奋斗目标。

任务三　质量管理统计方法

【学习任务】

1. 简述企业质量管理常用的统计方法。

2. 概述主次因素排列图的定义、原理及形式。

3. 分析主次因素排列图的作图步骤及注意事项。

4. 概述因果分析图的定义、形式。

5. 分析因果分析图的作图步骤及注意事项。

一、常用统计方法

企业质量管理常用的统计方法有 7 种,通常称为质量管理的 7 种工具。

(一) 统计调查表法

统计调查表法是利用专门设计的统计表对质量数据进行收集、整理和粗略分析质量状态的一种方法。调查表又叫核对表,它利用统计图表来记录和积累数据,整理和粗略分析影响产品质量的原因,常用的调查表有缺陷位置调查表、不良品原因调查表、频数分布调查表等。

(二) 分层法

分层法是将调查收集的原始数据,根据不同的目的和要求,按某一性质进行分组、整理的分析方法。分层法又叫分类法,它把收集来的原始质量数据按照不同目的加以分类整理,以便分析影响产品质量的具体因素。可从不同角度,如按设备、工艺方法、原材料、操作者、检测手段等来分类。分层的目的是分清责任,找出原因。分析法没有独立固定图表,而是用于各种统计图表中,例如分层的排列图、分层的直方图等。

(三) 主观因素排列图法

主观因素排列图法是利用排列图寻找影响质量主次因素的一种有效方法。主次因素排列图又叫帕累托图,它是找出影响产品质量主要因素的一种简单而有效的方法。由于影响产品质量的因素很多,而主要因素往往只是其中少数几项,由它们造成的次品却占次品总数的绝大部分。主要因素找到后,就可以集中力量加以解决。

(四) 因果分析图法

因果分析图法是利用因果分析图来系统整理分析某个质量问题(结果)与其产生原因之

间关系的有效工具。因果分析图又叫鱼刺图、树枝图，它是分析影响质量诸因素的有效方法。影响产品质量的因素很多，从大的方面分析，有设备、原材料、操作者、工艺方法、作业环境等方面。从小的方面分析，每一方面又有许多具体影响因素，这些因素又是其他因素作用的结果。

（五）直方图法

直方图法是将收集到的质量数据进行分组整理，绘制成频数分布直方图，用以描述质量分布状态的一种分析方法。直方图又叫质量分布图，它是通过对抽查质量数据的加工整理，找出其分布规律，从而判断整个生产过程是否正常。绘制直方图，首先将测得的质量数据进行分组，并整理成频数表，然后据以绘出直方图。直方图可用在某些需要加强控制的工序，它可用来观察分析质量分布的情况。直方图的图形近似正态分布，属正常形态，说明质量稳定。如果图形呈异常状态就要分析原因，防止产生次品。

（六）相关图法

相关图法是把影响质量特性因素的各对数据，用点填列在直角坐标图上，以观察、判断两个质量特性之间的关系，对产品或工序进行有效控制的方法。相关图又叫散布图，它是把两个变量之间的相关关系，用直角坐标系表示的图表。

（七）控制图法

控制图又叫管理图，它是工序质量控制的主要手段，是一种动态的质量分析与控制方法。用途主要有两个：过程分析，即分析生产过程是否稳定；过程控制，即控制生产过程质量状态。控制图不仅对判断质量稳定性、评定工艺过程质量状态、发现和消除工艺过程的失控现象、预防次品发生有着重要作用，而且可以为质量评比提供依据。

以上7种方法应相互结合，灵活运用，能有效地控制和提高产品质量。印染企业应用最广、效果最好的质量管理统计方法是主次因素排列图法和因果分析图法，将这2种方法相互结合，灵活应用，就能准确地找到影响产品质量的主要问题、产生问题的主要原因及解决问题的有效措施。

下面主要介绍主次因素排列图法和因果分析图法的应用。

二、主次因素排列图法

（一）排列图的定义

主次因素排列图是为寻找主要质量问题或影响质量的主要原因所使用的图，又称帕氏图。

排列图最早是由意大利社会经济学家帕累托用来分析社会财富的分布情况而使用的图，当时并未用于质量分析，他发现多数人占有少数财富，而少数人占有多数财富，且这些少数人还左右着国家的经济命脉。这一现象在排列图上被描述为一条累积百分比曲线。为了纪念他，累积百分比曲线又叫帕累托曲线，排列图又叫帕氏图。后来美国质量管理专家朱兰把这个原理应用于质量分析活动，成为企业生产中常用的质量统计分析方法之一。

因为质量管理工作比较好的工作方法是抓主要矛盾，即找出主要的质量问题，分析产生问题的主要原因，制订相应的措施。排列图就是用来找出产品的主要质量问题或影响产品质量的主要因素的一种有效方法，它是应用了"关键的少数，次要的多数"的原理。

（二）排列图的形式

排列图是由两个纵坐标，一个横坐标，几个按高低顺序依次排列的长方形和一条累积百分比曲线组成，如图1-3所示。

（三）排列图的作图步骤

1. 搜集数据

搜集一定时期的质量数据，按不同的项目进行分类，分类一般按存在的问题进行。例如，某印染企业为了提高产品质量，对某一年的疵点进行统计：斑疵28152m、深浅不一12963m、纬斜949m、折痕5884m、破洞6602m、搭色套歪1902m、破边872m、其他1339m（数量较少的合并为"其他"）。

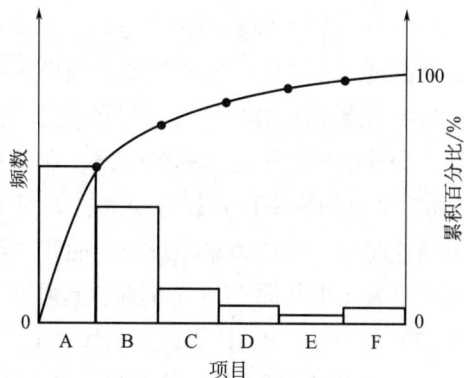

图1-3 排列图形式

2. 作疵点分项统计表

先将各分类项目及出现的频数按从大至小的顺序填入统计表，"其他"一项排在最后；然后计算累积数、累积百分比，并填入统计表（表1-1）。

表1-1 某一年疵点分项统计表

序号	项目	出现疵点布米数/m	累积数/m	累积百分比/%
1	斑疵	28152	28152	48.0
2	深浅不一	12963	41115	70.1
3	破洞	6602	47717	81.3
4	折痕	5884	53601	91.4
5	搭色套歪	1902	55503	94.6
6	纬斜	949	56452	96.2
7	破边	872	57324	97.7
8	其他	1339	58663	100
	合计	58663		

3. 绘制排列图

（1）先画左纵坐标，再画横坐标，在横坐标上标出项目刻度（本例共有八个项目，标出八个刻度），再画右纵坐标。

（2）填写项目。在横坐标上按频数大小顺序从左至右填写项目名称。

（3）定纵坐标刻度。这个坐标是频数（个数、件数）坐标。坐标原点为0，在合适的高度定为总频数，均匀地标出一定的整数点的数值（本例总频数为58663，整数点可取10000，20000，…，60000等整数值）。

（4）定右纵坐标的刻度。这个坐标是累积百分比坐标，将与左纵坐标总频数对应的高度定为100%，坐标原点为0，均匀地标出各点的数值。

（5）按项目的频数画出直方图，如斑疵的频数为28152，从左纵坐标上找到28152数值，按这个高度画直方图。以此类推，画出各项直方图。

（6）画累积百分比曲线。以各项直方线（直方形右侧边线）或延长线为纵线，按各项目累计百分数引平行于横坐标轴横线，在两线相交处打个点，下面写上累计百分数。在本例中"斑疵"项目的累积百分数为48%，如图1-4所示，其余各项以次类推，找出各点，把各点用折线连起来，就成为累积百分比曲线。频数最大项目（本例中为"斑疵"）的折线部分为该项目直方图中从原点到直方图右上顶点的连线。

（7）划分A、B、C类区。从纵坐标上累积百分数约80%处向左引一条平行于横坐标的线，从90%处和100%处同样引两条线，在三条线的下方分别写上A类、B类、C类。

（8）必要的说明。在图的下方填写排列图的名称、时间、绘图者、结论等事项，如图1-4所示。

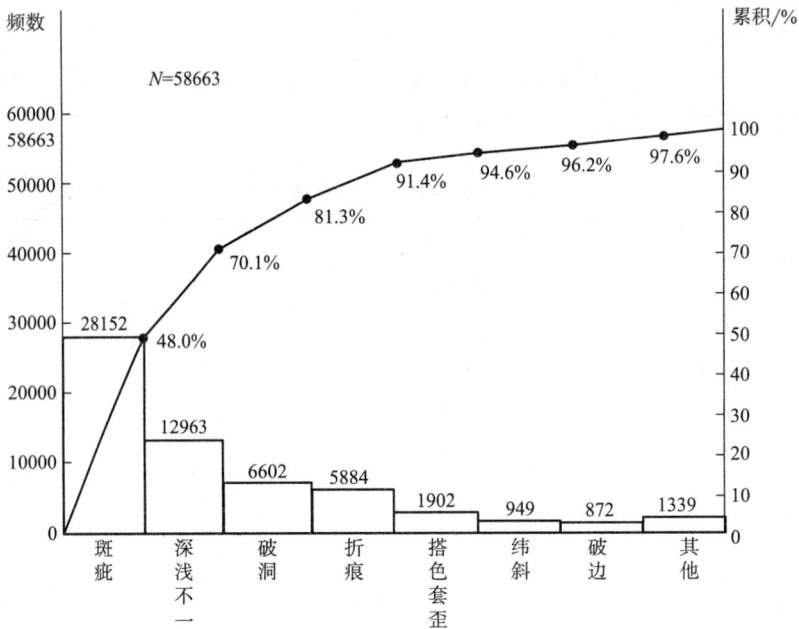

时间：按实际填写

绘图者：按实际填写

结论：染整车间全年主要疵点是斑疵、深浅不一和破洞，三项占总数的81.3%

图1-4　染整车间全年疵点排列图

4. 分析排列图

从排列图上找出主要问题或影响质量的主要原因，通常：A类区的项目占总频数的80%左右，因此为主要问题；B类区、C类区的项目分别占10%左右，因此为次要和更次要的问题（或原因）。

（四）作排列图的注意事项

（1）在实际应用中，这种划分不是绝对的，有时占60%左右的项目也可以认为是主要问题，有时要看相邻直方图间拉开的距离大小和考虑措施的难易，再确定主次因素，总之，应根据实际情况灵活运用。

（2）A类区项目以1~2个为宜，总项目多时也不能超过3个。

（3）如果画出的排列图各项频数相差很小，主次问题不突出时，应考虑从不同的角度分析更改分类项目（如从纤维类别、生产工序、疵点类别等），然后重新画图，有时采取措施后，为了验证效果，过一段时间还要作一张排列图进行比较。

（4）检查图形的完整性，如必要的说明等。

排列图虽然比较简单，甚至有时在搜集数据时就能判断出主次因素，但它是我们讨论和学习思考问题、分析问题的一种方法，特别是在将结果公布于众，或交给管理者进行决策时，图表要比数据罗列直观得多，效果也更好，因而至今仍被广泛采用。

三、因果分析图法

（一）因果分析图的定义

因果分析图又称鱼刺图、树枝图、石川图、特性要因图等，它是用来表示质量特性与其潜在（隐含）原因的关系，即表达和分析因果关系的一种图表。

（二）因果分析图的形式

因果分析图常见的形式是：用一条带箭头的主干线指向要解决的质量问题，将影响质量问题的原因按大、中、小不同层次分布于主干线的两侧，如图1-5所示。

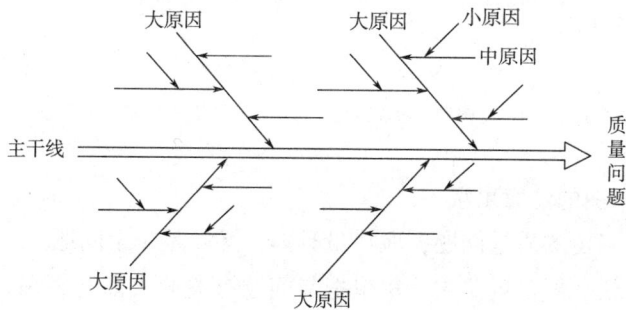

图1-5　因果分析图

影响产品质量的一般有人、机、料、法、环五大因素，因此，通常见到的因果分析图大多是按这五大因素分类的，也可以根据具体情况增减项目，还可以按生产工艺先后顺序进行分类。

因果分析图的主要特点在于能够全面地反映影响产品质量的各种因素，而且层次分明，可以从中看出各种因素之间的关系。通过这种分析，有助于使管理工作越做越细，从而找出产生问题的真正原因，然后对症下药，采取措施加以解决。

（三） 因果分析图的作图步骤

（1） 明确任务。明确要分析的质量问题或确定要解决的质量特性。

（2） 召开会议。召集同该质量问题有关的人员参加"诸葛亮会"，创造民主、集思广益的会议气氛。

（3） 画因果图。将质量问题写在图的右边，画一条带箭头的主干线，箭头指向右端，然后确定造成质量问题的大原因，把大原因用箭头排列在主干线的两侧。

（4） 分析原因。按各大原因引导大家展开分析，将大家提出的看法按中、小原因及相互之间的关系，用长短不等的箭头线画在图上，展开分析至能找到采取的措施为止。

（5） 得出结论。把重要的、关键的原因分别用粗线或其他颜色的线标记出来，或者加上外框。这类原因只能是2~3项，用表决方法确定。

（6） 记录完整。记下必要的有关事项，如因果图的名称、绘制日期、制图者、参加讨论的人员、结论、措施等，如图1-6所示。

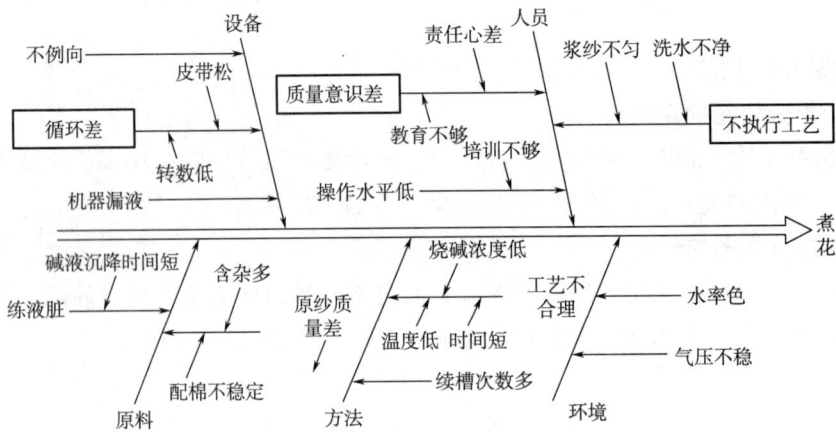

图 1-6　煮花疵点因果图

（绘制日期、制图者、参加讨论人员、结论、措施等按实际填写）

（四） 作因果分析图的注意事项

（1） 问题明确。确定的质量问题，应尽量具体，必须是一个问题。

（2） 召开民主会议。要发扬民主，尽量把与问题有关的人都召集来开会，让入会者充分发表意见，把各种意见都记录下来，包括相反的意见。

（3） 分析至能采取措施。原因的分析要扣紧问题，针对性强，要分析到能采取措施为止。

（4） 得出合理结论并要标出。主要原因一定要标出。可通过举手表决或从专业技术的角度共同分析等方法得出。

（5） 保持图形美观。为使图形美观，线段之间的倾斜角度约为60°。

（6） 实施并验证效果。因果分析图画好后，订出措施，并组织实施，措施实施后，与排列图相结合，验证其效果。

（7）注意主次不清现象。作因果分析图时，易产生大、中、小原因混乱，归类混乱的现象以及质量问题、主要原因不明确等情况，应特别注意。

任务四　质量管理标准

【学习任务】

1. 概述 ISO 的含义及其主要任务。

2. 简述 ISO 9000 质量管理体系标准的发展过程。

3. 归纳 ISO 9000 系列标准在我国的发展情况。

4. 分析 ISO 9000 质量管理体系的认证程序。

5. 概述我国实施 ISO 9000 系列标准的意义。

6. 简述 ISO 14000 系列标准与 ISO 9000 系列标准的关系。

7. 了解 ISO 14000 环境管理体系标准制定的背景。

8. 分析 ISO 14000 环境管理体系标准的特点和意义。

9. 归纳 ISO 14000 环境管理体系标准认证的要求。

10. 认知 Oeko-Tex Standard 100 及其建立依据和产品分类情况。

11. 简述申请 Oeko-Tex Standard 100 的认证程序及意义。

一、ISO 9000 质量管理体系标准

（一）国际标准化组织（ISO）

ISO（International Organization for Standardization）是国际标准化组织的英文缩写。国际标准化组织正式成立于 1947 年 2 月，是世界上最大和最具权威的标准化机构，它是一个非政府性的国际组织，总部设在日内瓦，我国是创始成员国之一。

国际标准化组织的主要任务是：制定国际标准，协调世界范围内的标准化工作，组织各成员国和技术委员会进行信息交流。ISO 的工作领域很广泛，除电工、电子以外，涉及其他所有学科，其技术工作由各技术组织承担。按专业性质不同，ISO 设立技术委员会（简称TC）共 208 个，分技术委员会（简称 SC）共 611 个，工作组（WG）2022 个，特别工作组38 个。技术委员会（TC）和分技术委员会（SC）的成员分为两种：参加成员（P 成员）和观察成员（O 成员）。

在 ISO 下设的 208 个技术委员会中，明确活动范围属于纺织行业的有 3 个。分别是第 38、第 72 和第 133 技术委员会。

ISO 于 1987 年正式颁布了 ISO 9000 系列标准（9000~9004）的第一版，于 1994 年 7 月 1日颁布了这套标准的 1994 年修订版。目前最新版是 2015 年的修订版本。在不长的时间内，ISO 9000 系列标准被许多国家的标准化机构所采用，并成为 ISO 标准中在国际上得到广泛认可的一个。目前，ISO 9000 系列标准已被 100 多个国家采用。

（二）ISO 9000 质量管理体系标准的发展过程

第二次世界大战期间，世界军事工业得到了迅猛发展。一些国家政府在采购军品时，不但对产品特性提出了要求，还对供应厂商提出了质量保证的要求。

20 世纪 50 年代末，美国发布了 MIL-Q-9858A《质量大纲要求》，成为世界上最早的有关质量保证方面的标准。70 年代初，随着世界各国经济的相互合作和交流，对供方质量体系的审核已逐渐成为国际贸易和国际合作的需求。世界各国先后发布了一些关于质量管理体系及审核的标准。但由于各国实施的标准不一致，给国际贸易带来了障碍，质量管理和质量保证的国际化成为当时世界各国的迫切需要。因此，ISO 于 1979 年成立了质量管理和质量保证技术委员会（TC176），负责制定质量管理和质量保证标准。

1986 年，ISO 发布了 ISO 8402《质量　术语》标准。1987 年发布了 ISO 9000《质量管理和质量保证标准　选择和使用指南》、ISO 9001《质量体系　设计开发、生产、安装和服务的质量保证模式》、ISO 9002《质量体系　生产和安装的质量保证模式》、ISO 9003《质量体系　最终检验和试验的质量保证模式》、ISO 9004《质量管理和质量体系要素　指南》等 6 项标准，通称为 ISO 9000 系列标准。

在 ISO 9000 质量管理体系建立后，为了使之更完善，期间进行了修改。为了提高标准使用者的竞争力，促进组织内部工作的持续改进，并使标准适合于各种规模（尤其是中小企业）和类型（包括服务业和软件）组织的需要，以适应科学技术和社会经济的发展，ISO/TC176（即质量管理和质量保证技术委员会）对 ISO 9000 族标准的修订工作进行了策划，成立了战略规划咨询组（SPAG），负责收集和分析对标准修订的战略性观点，并对《2000 年展望》进行补充和完善，从而提出了《关于 ISO 9000 族标准的设想和战略规划》供 ISO/TC176 决策。

1996 年，在广泛征求世界各国标准使用者意见、了解顾客对标准修订的要求并比较修订方案后，ISO/TC176 相继提出了《2000 版 ISO 9001 标准结构和内容的设计规范》和《ISO 9001 修订草案》，作为对 1994 版标准修订的依据。1997 年，ISO/TC176 在总结质量管理实践经验的基础上，吸纳了国际上非常受尊敬的一批质量管理专家的意见，整理并编撰了八项质量管理原则，为 2000 版 ISO 9000 族标准的修订奠定了理论基础。2000 年 12 月 15 日，ISO/TC176 正式发布了新版本的 ISO 9000 族标准，统称为 2000 版 ISO 9000 族标准。该标准的修订充分考虑了 1987 版和 1994 版标准以及现有其他管理体系标准的使用经验，因此，质量管理体系更加适合组织的需要，可以更适应组织开展其商业活动的需要。2000 版标准更加强调了顾客满意及监视和测量的重要性，促进了质量管理原则在各类组织中的应用，满足了使用者对标准应更通俗易懂的要求，强调了质量管理体系中要求标准和指南标准的一致性。

ISO 9000 系列标准的颁布，使各国的质量管理和质量保证活动统一在 ISO 9000 族标准的基础之上。标准总结了工业发达国家先进企业的质量管理的实践经验，统一了质量管理和质量保证的术语和概念，并对推动组织的质量管理，实现组织的质量目标，消除贸易壁垒，提高产品质量和顾客的满意程度等产生了积极的影响，得到了世界各国的普遍关注和采用。至今为止，它已被全世界 150 多个国家和地区等同采用为国家标准，并广泛用于工业、经济和政府的管理领域，有 50 多个国家建立了质量管理体系认证制度，世界各国质量管理体系审核员注册的互认和质量管理体系认证的互认制度也在广泛范围内得以建立和实施。

（三）ISO 9000 系列标准在我国的发展

1987 年 3 月，ISO 9000 系列标准正式发布以后，我国在原国家标准局部署下组成了"全国质量保证标准化特别工作组"。1988 年 12 月，我国正式发布了等效采用 ISO 9000 标准的 GB/T 10300—1989《质量管理和质量保证》系列国家标准，并于 1989 年 8 月 1 日起在全国实施。

1992 年 5 月，我国决定等同采用 ISO 9000 系列标准，发布了 GB/T 19000—1992 系列标准。

1994 年，我国发布了等同采用 1994 版 ISO 9000 族标准的 GB/T 19000 族标准。

2000~2003 年，我国陆续发布了等同采用 2000 版 ISO 9000 族标准的国家标准，包括 GB/T 19000、GB/T 19001、GB/T 19004 和 GB/T 19011 标准。

2008 年，我国根据 ISO 9000：2005、ISO 9001：2008 版的发布，也修订发布了 GB/T 19000—2008、GB/T 19001—2008 标准。

（四）ISO 9000 质量管理体系认证程序

一个企业的产品若想取得认证资格，必须具备以下两个条件：一是该产品质量符合认证机构规定的标准；二是该企业的质量保证能力应符合规定的要求。

我国产品质量认证的具体实施程序如下：

1. 申请

由产品的生产企业向认证机构申请对其某种产品给予认证，并呈报申请书和有关的质量体系文件、技术文件等申请附件。

2. 工厂审查

工厂审查即检查、评价申请认证产品的企业，其质量保证能力能否满足认证机构的要求，以证实生产企业确实具有长期稳定地生产符合标准要求的产品的能力。工厂审查包括对其申请书及申请附件的事先审查、现场检查评估和做出检查报告。

3. 产品检验

由国家技术监督局认可的检验机构对认证产品的样品进行形式试验，提出形式试验报告。

4. 颁发证书和标志使用许可证

工厂审查报告和产品试验报告经认证机构审定合格后，对申请认证的企业颁发认证合格证书或认证标志使用许可证。

5. 日常监督管理

经认证合格的产品生产企业，应对其质量体系及产品定期进行复核和抽样检验。质量体系复核和认证后监督抽样检验的产品不符合要求时，应采取措施，直至撤销其认证证书和停止使用认证标志。

ISO 9000 质量管理体系认证证书有效期为 3 年，到期若继续，需提出再认证，再认证审核时间约为初次审核的 2/3。

（五）我国实施 ISO 9000 系列标准的意义

我国决定贯彻实施 ISO 9000 系列标准，对 ISO 9000 系列标准仅做了一些编辑性、技术性修改，相应地制定了国家 GB/T 系列标准。这对我国参与国际经济活动、消除不必要的技术壁垒、促进全面质量管理深入发展、提高企业质量管理水平起到了良好的作用。

1. 促进我国质量管理水平进一步提高

ISO 9000 系列标准是从标准的角度，对质量管理、质量保证理论和方法进行了系统性的提炼、概括和总结，并使其系统化、规范化。它与全面质量管理（TQC）的理论依据是一致的，在方法上可以互相兼容。因此，实行 ISO 9000 系列标准，可以促进我国质量管理工作水平向纵深发展和提高。

2. 有利于发展社会主义市场经济，提高企业竞争能力

随着我国社会主义市场经济体制的建立，企业必须转换经营机制，搞活经营，参与国际市场竞争，这就要求企业依靠技术进步，加快技术改造步伐，及时引进先进的技术和装备，搞好新产品开发和老产品的升级换代，以增强产品在国际市场上的竞争能力。在国际交往中，采用 ISO 9000 系列标准，用它来对企业的产品质量和质量保证进行评审，才符合国际惯例。如果不采取措施去适应这种国际惯例和发展趋势，必将使我们在国际经济活动、进出口贸易中处于不利地位，甚至可能阻碍我国商品进入国际市场，也难以打破进口国所设置的贸易壁垒。

3. 有利于保护消费者的权益

随着现代科学技术的进步，应用新原理、新结构和新材料制造的产品不断出现。在这些产品中，大多具有安全性好、可靠性高、价值高的特点。如果这些产品在质量上存在某种缺陷，会给用户带来很大的损害或损失。消费者在选购或使用这些产品时，因无检测仪器而无法在技术上对产品加以鉴别。即使生产厂家按技术要求进行生产，但技术规范本身不完善或质量管理不健全，产品质量也无法达到标准要求。所以，只有实施 ISO 9000 系列标准，企业健全相应的质量保证体系，才能稳定地生产出满足用户需要的产品来，从而有效地保护消费者的利益。

二、ISO 14000 环境管理体系标准

（一）ISO 14000 系列标准与 ISO 9000 系列标准的关系

ISO 14000 环境管理体系标准与 ISO 9000 质量管理体系标准对组织（公司、企业）的许多要求是通用的，两套标准可以结合在一起使用。世界各国的许多企业或公司都通过了 ISO 9000 质量管理体系标准的认证，这些企业或公司可以把在通过 ISO 9000 质量管理体系认证时所获得的经验运用到环境管理体系标准的认证中去。新版的 ISO 9000 系列标准更加体现了两套标准结合使用的原则，使 ISO 9000 系列标准与 ISO 14000 系列标准联系更为紧密。

（二）ISO 14000 环境管理体系标准制定的背景

1972 年，联合国在瑞典召开了人类环境大会，大会成立了一个独立的委员会，即世界环境与发展委员会。从 20 世纪 80 年代起，美国和西欧一些公司为了响应持续发展的号召，减少污染，开始建立各自的环境管理方式，这是环境管理体系的雏形。1992 年，在巴西里约热内卢召开的"环境与发展"大会，183 个国家和 70 多个国际组织出席了大会，会议通过了

《21世纪议程》等文件，这次大会的召开，标志着开始在全球建立清洁生产、减少污染、谋求可持续发展的环境管理体系，也是ISO 14000环境管理标准得到广泛推广的基础。

1993年6月，国际标准化组织成立了ISO/TC3207环境管理技术委员会，正式开展环境管理系列标准的制定工作，以规划企业和社会团体等所有组织的活动、产品和服务的环境行为，支持全球的环境保护工作。

（三）ISO 14000环境管理体系标准的特点和意义

1. 特点

ISO 14000系列标准是为促进全球环境质量的改善而制定的。它是通过一套环境管理的框架文件来加强组织（公司、企业）的环境意识、管理能力和保障措施，从而达到改善环境质量的目的。它是组织（公司、企业）自愿采用的标准，是组织（公司、企业）的自觉行为。在我国是采取第三方独立认证来验证组织（公司、企业）对环境因素的管理是否达到改善环境绩效的目的，满足相关方要求的同时，满足社会对环境保护的要求。ISO 14000系列标准的目标是通过建立符合各国的环境保护法律、法规要求的国际标准，在全球范围内推广ISO 14000系列标准，达到改善全球环境质量、促进世界贸易、消除贸易壁垒的最终目标。

2. 意义

（1）ISO 14000系列标准为解决环境问题提供了一套同依法治理相辅相成的科学管理工具，为人类社会解决环境问题开辟了新的思路。

（2）ISO 14000系列标准对环境污染与减少资源、能源的消耗同时并重，从而能有力促进组织对资源和能源的合理利用，对保护地球上的不可再生和稀缺资源也会起到重要作用。

（3）ISO 14000系列标准意在保护环境，但它并不排斥发展，它是建立在科学的发展基础之上，贯彻这一标准，有利于实现经济与环境协调统一，有利于实现可持续发展。

（4）实施统一的国际环境管理标准，有利于实现各国间环境认证的双边和多边互认，有利于消除技术和贸易壁垒。

（5）环境管理是一项综合管理，涉及组织的方方面面，环境管理水平的提高必定促进和带动整个管理水平的提高，从而有利于推动我国经济的可持续发展。

（四）ISO 14000环境管理体系标准的认证要求

（1）组织应建立符合ISO 14000标准要求的文件化环境管理体系，在申请认证之前应完成内部审核和管理评审，并保证环境管理体系的有效、充分运行三个月以上。

（2）组织应向第三方独立认证提供环境管理体系运行的充分信息，对于多现场应说明各现场的认证范围、地址及人员分布等情况，第三方独立认证将以抽样的方式对多现场进行审核。

（3）组织自建立环境管理体系开始，应保持对法律法规符合性的自我评价，并提交组织的"三废"监测报告及一年以来的守法证明。在不符合相关法律法规要求时应及时采取必要的纠正措施。

（4）ISO 14000审核是一项收集客观证据的符合性验证活动，为使审核顺利进行，组织应为第三方独立认证开展认证审核、跟踪审核、监督审核、复审换证以及解决投诉等活动做出必要的安排，包括文件审核、现场审核、调阅相关记录和访问人员等各个方面。

（5）组织获证后，应遵守第三方独立认证的有关要求，在进行宣传时应仅就获准认证的范围做出申明，并遵守第三方独立认证有关认证书及认证标志使用规定；再监督审核第三方独立认证将对认证证书及标志的使用情况进行审核。

（6）当组织的环境管理体系出现变化，或出现影响环境管理体系符合性的重大变动时，应及时通知第三方独立认证；第三方独立认证将视情况进行监督审核、换证审核或复审以保持证书的有效性。

（7）组织应向第三方独立认证提供有关与相关方信息沟通和投诉的记录，以及采取纠正措施的记录。

三、国际生态纺织品标准 100（Oeko-Tex Standard 100）

国际生态纺织品标准 100（Oeko-Tex Standard 100），又称国际环保纺织标准 100，是世界上最权威的、影响最广的生态纺织品标签。Oeko-Tex Standard 100 是生态纺织品安全环保认证，即通过检测纺织品以及辅料是否含有 Oeko-Tex 限制的有害物质，人类穿着是否危害或者可能危害到人体的健康，它不是代表产品质量的质量标签，而是生态纺织品的安全标签。有害物质清单以及限量值都可以在 Oeko-Tex 官网查询，已通过认证的企业可以在系统检索。Oeko-Tex 协会每年会针对标准以及各限量值的变化进行一次更新。

（一）Oeko-Tex Standard 100 制定的背景及意义

Oeko-Tex Standard 100 是由国际环保纺织协会的成员机构——奥地利纺织研究院和德国海恩斯坦研究院共同制定的。这两位成员机构同时也是国际环保纺织协会最早的成员机构和奠定者。他们在 20 世纪 90 年代时，根据当时对纺织品上有害物质的知识、测定，制定了 Oeko-Tex Standard 100，并于 1992 年 4 月在德国法兰克福的 Insterstoff 展会上面世。

Oeko-Tex Standard 100 的制定满足了世界各国有关纺织品生态性能指标应遵循一致标准的需求，同时也提高了纺织企业在生态纺织品生产方面的全球竞争意义。

Oeko-Tex Standard 100 现有 20 多种文字的标签，包括英文、德文、法文、意大利文、西班牙文、日文、韩文和中文等。认证企业在出口产品时，可按照买家要求选择与产品售卖地的语言相一致的标签文字。该标签可以用来标识产品，如将标签印制成吊牌等悬挂在产品上，或是印制在产品的包装材料上；并且可以用来对认证产品和认证企业进行宣传，如将 Oeko-Tex 标签印在公司的产品目录、宣传手册以及海报招贴上等。带有 Oeko-Tex Standard 100 标签的产品，都是经由分布在世界范围内的 15 个国家的知名纺织检测机构（都隶属于国际环保纺织协会）的测试和认证通过的产品。可以说，Oeko-Tex Standard 100 标签产品提供了产品生态安全的保证，满足了消费者对健康生活的要求。

（二）Oeko-Tex Standard 100 的建立依据及产品分类

Oeko-Tex Standard 100 是根据最新的科学知识，对纱线、纤维以及各类纺织品的有害物质含量规定限度。只有按照严格检测和检查程序提供可证明质量担保的生产商才允许在他们的产品上使用 Oeko-Tex Standard 100 标签。

1. 建立依据

纺织生态学。包括生产生态学、人类生态学和处理生态学。规定了相应的有害物质的限量和测试项目。旨在通过检验防止在产品中使用有潜在危害的物质，通过本认证的纺织品对皮肤无副作用。

2. 产品分类

自 1997 年 2 月以来，Oeko-Tex Standard 100 将产品按最终用途划分为 4 个类别，代替了以前的 16 个产品组。对于申请者而言，这种纺织品类别更加容易和简单。

一类产品：婴儿用品。是指除皮制衣物外，一切用来制作婴儿及两岁以下儿童服装的织物、原材料和附件。

二类产品：直接接触皮肤的产品。是指穿着时，大部分材料直接接触皮肤的织物，如上衣、衬衣、内衣等。

三类产品：不接触皮肤的产品。是指穿着时，只有小部分直接接触皮肤，大部分没有接触到皮肤的织物，如填充物、衬里等。

四类产品：装饰材料。是指用来缝制室内装饰品的一切产品及原料，如桌布、墙面遮盖物、家具用织物、窗帘、室内装潢用织物、地面遮盖物、窗垫等。

Oeko-Tex Standard 100 对不同类别产品，规定的检测方法构成也不同。例如，标准对婴儿和初学走路孩子的产品规定了非常严格的条件，如甲醛的限定值是 20mg/kg；而同皮肤直接接触的产品如床上用品、内衣、衬衫及宽松的上衣的甲醛限定值是 75mg/kg；不与皮肤直接接触的产品如外衣（男女套装、外套）和家用装饰品（桌布、装饰织物、窗帘、家具上的织物、床垫）甲醛含量只须低于 300mg/kg。

（三）申请 Oeko-Tex Standard 100 认证的程序及意义

1. 申请 Oeko-Tex Standard 100 认证的程序

（1）申请并提供样品。

（2）根据 Oeko-Tex Standard 100 标准目录进行检测。

（3）编制测试报告

（4）提交符合性声明

（5）成功检测后颁发证书。

Oeko-Tex Standard 100 的证书号码提供了独一无二的证明，证明在该产品认证时，所有按照 Oeko-Tex Standard 100 规定应该进行的测试全部都已经完成。Oeko-Tex Standard 100 证书的有效期是 1 年。1 年期满，证书持有者需要续证。证书续期使用的许可也是在认证机构对认证产品进行必要的测试和认证后发出的。新证书的有效期是在原有效期的基础上再延长一年。

2. 申请 Oeko-Tex Standard 100 认证的意义

Oeko-Tex Standard 100 标签的意义是：信心、安全、干净、健康、对皮肤友好。

申请获得 Oeko-Tex Standard 100 标签对我国纺织品、服装生产企业进入欧盟市场具有十分重要的意义。

（1）可以适当提高价格，从而获得更多利润。带有 Oeko-Tex Standard 100 标签的纺织品、服装比同类普通纺织品、服装价格高出 20%~30%，绝大部分欧盟消费者仍倾向于购买。针对这种情况，如果企业成功获得了 Oeko-Tex Standard 100 标签，则可以适当提高其产品向欧盟出口的价格，增加产品的附加值，利润回报相应增加。

（2）可以拥有更广阔的客户群体。欧盟的进口商受消费者影响，越来越青睐加贴了 Oeko-Tex Standard 100 标签的纺织品，甚至有些欧盟成员国的进口商非生态纺织品不买。这样，不带 Oeko-Tex Standard 100 标签的第三国纺织品很有可能被许多欧盟进口商拒绝，开拓市场的空间自然也就比较狭小。生态纺织品认证在欧洲，尤其是德语地区，已经由最初的市场竞争中的优势条件，逐渐变为一个基本条件。

（3）符合欧盟关于纺织品所含有害物质的限量。欧盟对纺织品中有些物质含量是有严格限量的，如果第三国进口的纺织品不符合欧盟对有害物质的限量要求，那么欧盟将禁止其在欧盟市场销售。但获得加贴 Oeko-Tex Standard 100 标签的产品符合欧盟关于纺织品所含有害物质的限量要求。

任务五 加强企业管理，提高产品质量

【学习任务】

1. 概述印染企业如何加强布匹的管理。

2. 归纳印染企业如何控制或降低加成率。

3. 分析印染企业如何做好染化料的管理。

在自然资源日益减少、原材料价格不断上涨、劳动力成本日渐提高、竞争越来越激烈的市场经济环境下，"以管理促质量，向管理要效益"已成为今天企业改革的必然选择。作为染整企业而言，生产环节多，设备多，原料复杂，品种多变，更加凸显管理的重要性。从某种角度上来说，加强企业管理比采取技术措施更重要。本节以染整企业加工的基本环节为出发点，就加强企业管理、降低产品疵病、提高产品质量的一些具体措施讨论如下。

一、人员管理

人是生产的第一要素，产品质量最关键的决定因素是生产者。要保证产品质量，在人员管理上应该做到如下几个方面。

（一）质量意识的建立

从管理者到技术人员、生产职工，对质量问题的认识和重视程度，决定着他们在生产过程中对质量问题的处理态度和采取的措施，直接影响着产品质量。所以，企业首先要通过各种措施提高有关人员的产品质量意识和质量管理水平。企业可以通过如下方式培养提高职工的质量意识和水平。

1. 学习培训

对不同岗位的人员分别进行相关的产品质量的意义、质量内容指标、有关制度的培训学习。使所有人员不仅了解产品质量的重要意义，而且熟悉本岗位的质量管理内容和制度，牢固树立质量意识，强化"质量出效益"的理念。

2. 制度促进

建立健全质量控制制度，通过质量管理制度，牢固树立工作人员质量意识。

（二）质量控制制度的建立

建立质量管理体系和有关规章制度是控制产品质量的有效保证。印染企业应该建立完整的质量管理体系和制度，使得质量问题有专人抓，出现问题能及时发现，及时纠正，避免更大损失。质量管理制度要细化到每个工作岗位都有健全的质量岗位责任制，使得每个工作人员在生产过程中，对质量问题都有清晰的标准要求。在各项质量管理制度中，核心目标是保证产品的高质量，而发现问题、惩罚责任者是次要的。

二、布匹管理

印染企业的生产对象是大量的布匹或相关产品。布匹管理虽不是直接的生产环节，但与生产有着必然联系，直接影响着产品质量。有些企业不重视布匹管理，出现问题只在生产过程中找问题，使得产品质量难以提高。布匹管理应该包含坯布管理、半成品管理和成品管理三个环节。

（一）坯布管理

坯布管理是比较容易被忽视却又十分重要的环节，坯布管理分为坯布检验和坯布存放。

1. 坯布检验

坯布检验是将纺织厂或加工客户送来的坯布进行检验，一般采取抽查检的方式进行检查验收，一般抽检率在10%。当然，根据品种要求和坯布的一贯质量情况对抽检率可做适当增减。坯布检验的目的是保证印染产品的质量，发现坯布有问题能够及时提出并加以解决，减少不必要的损失及与客户间的矛盾，也能促进纺织厂改进产品质量。坯布检验的内容一般包含如下几个方面。

（1）坯布的原料成分及性能检验。

①纤维的产地、牌号、规格、批号、等级等。因为这些内容的不同意味着纤维的性能有差异，从而影响印染工艺的制订。

②纤维的上染性能。纤维上染性能的好坏是制订染整工艺的重要依据，所以要检查织物纤维上染性能的好坏以及均匀性。

③坯布含浆率和浆料的组成以及其他含杂质情况。坯布含杂质情况是决定织物前处理工艺的依据，而染前处理的质量又直接影响着染色产品的质量。

（2）坯布的物理指标检验。坯布的物理指标检验包括长度、幅宽、单位重量、经纬纱的支数、经纬纱的密度及强度等。各种坯布的规格标准都是和印染成品的规格标准衔接的，坯布的物理指标若达不到标准，就必然会影响印染成品的内在质量。如坯布幅宽不足，将影响成品的纬向缩水率，甚至因过度拉幅导致织物劈裂或破损；如强度不足，也必然影响印染工艺的实施及成品的质量。因此，做好坯布检验是提高印染成品质量的有力保障。

（3）疵点检验。

外观疵点检验主要是检查坯布在纺纱、织造加工过程中造成的疵病，如缺经、断纬、跳纱、密路、稀弄、油污、斑渍、破损等，另外，检查有无铜、铁片等杂质夹入。坯布的原有疵病，有的可以通过印染加工消除，有的则不能，所以对坯布疵点的检查分类尤为重要。

印染企业通过以上检验，可检查纺织厂提供的坯布信息是否真实可靠，分级分档是否符合染整加工的要求，发现问题尽量给予修补，并将检查出的问题通知织厂和印染企业相关部门。不同质量的坯布只能做不同的印染加工。通常根据质量将坯布分为漂白坯、染色坯、印花坯三档。

①漂白坯。即外观疵点极少，而且疵点在加工过程中能去除的坯布。可以做漂白用，当然也可以用来染色和印花。

②浅色坯。即外观疵点较少，而且通过浅色可以掩盖这些疵点的坯布。可以染各种浅色，也可以染深色和印花，但不可作漂白布。

③印花坯。即局部疵点较多，只有通过深色或印花才能掩盖其疵病的坯布。只能供染深色或印花使用。

2. 坯布存放

科学的坯布存放有利于减少坯布准备及坯布发放过程中的差错，提高生产效率，保证产品质量。坯布存放可根据印染企业的加工性质不同，采用不同的存放方式。一般存放坯布要做到如下几点。

（1）按进厂日期存放。此种方式适于加工品种比较单一、工艺统一的大型印染企业。

（2）按加工的色别存放。此种方式有利于机台配色，可提高印染设备的利用率。

（3）按客户存放。此种方式比较适合于以大量来样加工方式生产的印染企业。可减少客户产品之间的交叉，避免混淆。

（4）按成品提货日期存放。此种方式可加快成品的出货，减少因交货误期而产生的摩擦和经济损失。

（二）半成品管理

许多企业往往忽视对半成品的管理，实际上这一环节所造成的疵病难以分清责任，所以说，半成品管理成为企业管理中的漏洞。加强半成品管理，减少半成品的沾污也是提高产品质量的关键之一。印染加工过程中，半成品织物的管理要注意如下几点。

1. 运载工具要保持清洁

运载工具绝对不能沾有油污、铁锈等。为便于管理，条件许可的企业最好按机台配备运载工具，清洁工作责任到人。

2. 机台清洁

机台开车前要细致地检查清洁情况，要经常对设备做清洁保养工作，形成设备清洁制度和标准。润滑油要少加、勤加。保持设备清洁，减少产品在生产过程中被沾污，是保证产品质量非常重要的措施之一。

3. 合理存放半制品

生产车间要有相对集中的区域来存放半成品。半成品存放区要保持清洁、干燥，不能有滴水和积水。

4. 缩短半成品存放时间

半成品存放过程中，很可能造成沾污、水渍印等疵点。应力求减少半成品存放时间，特别是烘干、拉幅定形后的半制品，极易产生成品的布面折痕、水渍印等疵病。各种湿半成品布也不能长时间存放，以免造成风干印、色差等疵病。

5. 重视半成品的交接验收

半成品交接过程中的验收，不仅可以避免各交接环节出现品种、数量、花色等错误，同时还可以及时发现生产各工序中的问题，便于及时解决，有利于提高染整产品的质量。交接验收的内容包括：货号、批号、花号、数量；外观质量包括：幅宽、有无纬斜和沾污、色泽和白度，有时还要检查内在质量，如强力、毛效等。

（三）成品管理

成品管理的原则，一是方便成品出库，二是要避免成品之间的交叉污染。为方便成品出库，一般成品可按出厂日期、提货客户等分区存放。成品之间的污染，一是环保染料加工的成品与非环保染料加工的成品之间、深色成品与浅色成品之间的污染；二是含挥发性污染物如甲醛的成品与其他成品之间的污染。对于前者可采取分区域存放的方式；对于含可挥发性污染物的成品最好用塑料薄膜密封存放。

三、加成率的控制

染整加工过程中，因产品组织结构和加工机械张力的不同，织物会有不同程度的伸缩。例如，棉布用卷染机或连续轧染机等平幅设备染色，会有较大的伸长；强加捻类织物如棉乔其、真丝双绉等采用松式设备（如绳状溢流机）加工则会发生较大的收缩。所以，为了保证染整成品按计划完成，又尽量节约用布，就要根据织物特点、加工要求、加工设备工艺特点计算计划坯布用量。另外，在染整加工过程中由于某些原因不可避免地会产生一些带疵病布，为了保证产品数量与计划相符，就必须在计划数之外酌量增加坯布用量，这些酌量增加的坯布数量与计划用坯布数量的百分比称为加成率。加成率的高低严重影响企业的效益，直接体现出一个染整企业的管理水平。控制或降低加成率，是染整企业必须高度重视的工作。

1. 合理控制投坯匹长和质量

从染整厂要求出发，上机的坯布最好是联匹布。匹长适当长会减少缝头，减少疵布，方便开剪包装，但织厂往往做不到。因此，染厂需要根据实际情况与织厂就坯布的匹长与质量、成品的开剪打包要求等订立协议，做出明确规定。

2. 合理确定加成率

加成率越大，补染的可能性就越小。但在约定成品交货量固定的条件下，多染会造成成品出厂率下降；反之，则补染的可能性就增大。因此，如何合理确定计划加成和给予机台以合理的机动加成，使之既能不补染或少补染，又能保证成品交货量的完成，是企业控制质量、降低成本的重要环节。确定计划加成率考虑的因素有：

（1）织物在染色过程中的伸缩情况。特别是由于织物组织等特点决定织物易收缩的加成率要大；反之，则加成率要小，甚至为负数。由于染色设备的张力使织物产生收缩的，要在考虑产品质量的前提下控制设备张力，然后考虑加成率。

（2）织物染色色泽。灰色、银色、棕色以及双色等较难对色，易出染色疵病的加成率要多些，深色要比浅色加成率多。

（3）机械设备和工艺的稳定情况。易出染疵的机台和工艺加成率要多些；反之，工艺稳定、一等品率高的机台则少些。

3. 重视生产过程管理工作，确保正品率

（1）根据客户要求确定合适的成品质量要求，选择相适应的坯布。

（2）工艺单中详细注明客户要货匹数与上机匹数，成品开剪、成包等要求，使生产机台操作者明确客户要求，从而明确操作注意事项。

（3）严格对样、工艺审验工作，避免小样与大样不相符以及工艺单出现错误。

（4）重视放样工作，尽量避免多次补料调节色光。

4. 合理开剪与拼件

成品开剪时，拼匹是否合理、假开剪是否做足、大零是否搭足等对成品出厂率也是极为重要的。另外，成品质量的定等是否合适也对成品率有很大的影响。

四、染化料管理

对于印染企业来说，染化料管理对保证产品质量也是十分关键的。

（1）每批染化料进库时要检验试样，对染料色泽、染色牢度、力份，助剂含量等项进行检验，并记录在案，同时与化验室人员及时进行沟通。

（2）不同类别、不同批号的染化料要分开存放，严防混淆或相互影响。

（3）同一染整产品尽可能采用同一批号的染化料，这就要求常用染化料要保证一定的库存量。

（4）严格付料手续，严把染化料称量关，严防染化料称量不准确现象。

产品质量的管理与控制要贯穿于整个生产过程中，有关生产的各道工序、各个方面要严格按照全面质量管理和质量保证的要求、方法进行工作，建立健全质量管理与控制制度。只有这样才能切实做好印染产品质量控制，保证和提高印染产品的质量。

【过关自测题】

一、填空题

1. 从产品质量的产生、形成和实现的过程，可以把产品质量进一步分为：（　　）质量、（　　）质量、（　　）质量、（　　）质量。

2. 质量管理可以说就是对（　　　）进行控制，质量管理发展的历史到今天已经进入了第（　　　）个阶段，即零缺陷的质量管理阶段。

3. 全面质量管理的特点：（　　　　　）是全面的，（　　　　　）是全面的，（　　　　　）是全面的，（　　　　　）是全面的。

4. 主次因素排列图是用来寻找（　　　　　）或（　　　　　）所使用的图。是由两个（　　　）坐标、一个（　　　）坐标、几个按高低顺序依次排列的（　　　）和一条（　　　）曲线组成的图；它应用了"（　　　　　　），次要的多数"的原理。

5. 因果图又称（　　　）、（　　　）、石川图、特性要因图等，是指用来表示（　　　）与（　　　）关系的图。通常见到的因果分析图大都是按（　　　）、（　　　）、料、（　　　）、环五大因素来分类的。

6. ISO 9000 质量管理体系认证证书有效期为（　　　）年，到期若继续，需提出（　　　），（　　　）审核时间约为初次审核的 2/3。

7. ISO 14000 环境管理体系标准与 ISO 9000 质量管理体系标准对组织的许多要求是（　　　），两套标准（　　　）结合在一起使用。

8. 国际生态纺织品标准 100 又称 Oeko-Tex Standard 100，是世界上（　　　）的、影响（　　　）的（　　　）标签。其建立的依据是（　　　），其标签的意义是（　　　）、（　　　）、（　　　）、（　　　）、对（　　　）友好，其证书的有效期是（　　　）年。

二、名词解释

质量；质量方针；产品；产品质量；质量持性；工作质量；质量标准；质量保证；质量控制；质量管理；质量体系

三、简答题

1. 概述 PDCA 循环的四个阶段及其特点。
2. 写出主次因素排列图的作图步骤及注意事项。
3. 写出因果分析图的作图步骤及注意事项。
4. 国际生态纺织品标准 100 将产品按最终用途分为哪几类？
5. 写出 PDCA 循环的工作程序。
6. 归纳印染企业做好布匹管理的措施。
7. 概述印染企业做好染化料管理的措施。

四、综合题

搜集印染企业一定时期内，影响产品质量的相关因素，应用主次因素排列图法找出存在的主要问题，应用因果分析图法分析出主要原因，并制订解决措施。

项目二　练漂产品质量控制

【学习目标】

1. 熟知练漂产品质量指标及要求。
2. 掌握练漂产品主要质量指标的影响因素及控制措施。
3. 理解练漂产品常见疵病的外观形态、产生原因和克服办法。
4. 了解练漂产品质量指标检测方法和评定标准。

练漂就是利用化学和物理的方法，除去坯布（绸）上所含的天然杂质以及在纺织加工过程中所沾上的浆料和油污渍，使织物具有洁白的外观、柔软的手感和良好的渗透性，为以后的染整加工提供良好的半制品。练漂过程包括坯布（绸）检验、烧毛、前准备、退浆、精练、漂白、水洗等。但每个品种的生产加工过程，不一定都要经过上述各道工序，而要根据织物的原料特性、加工要求来选定。

练漂是织物染整加工的第一道工序，也是染整加工中的主要工序之一，几乎所有的纺织制品都要经过练漂，才能加工成最终产品。

练漂半制品质量的好坏，不仅直接影响成品的质量，而且影响到后面染整加工的工艺和质量。例如，练漂时工艺或操作不当使纤维素氧化，会造成织物的脆损，使强力下降，严重时使产品无法进行后续加工或使用；丝光不足，不仅影响纤维的光泽、手感、强力，对染料的吸收也有影响，所以说丝光质量也影响染色工艺；漂白白度如果不够，产品的白度就不达标，染色印花产品的鲜艳度也会受到影响；毛效如果不好，不仅会影响吸湿透气服用性能，而且严重影响染色印花的工艺和质量。如果蚕丝绸精练脱胶不匀，会导致织物光泽性变差，更严重的会带来染色不匀。

因此，控制练漂成品及半制品的质量是保证印染成品质量的前提，具有非常重要的意义。

任务一　练漂产品的质量要求

【学习任务】

1. 概述练漂产品及其质量指标的分类。
2. 掌握棉及棉型织物的外观质量要求。
3. 掌握丝织物外观质量要求。
4. 掌握练漂产品内在质量指标及要求。

明确质量要求，按要求和标准进行产品质量控制和评价，最终使练漂产品符合客户要求或后加工要求。概括地说，练漂产品应是洁白、柔软，具有良好的润湿渗透性，能满足服用要求和染色、印花、整理后加工要求的成品或半成品。

织物品种不同，练漂产品的质量要求是有差异的。练漂产品的质量要求一般有两个方面：外观质量与内在质量，也有分为实物质量与内在质量。外观质量主要是指产品的白度、手感以及布（绸）面疵点。内在质量涉及的方面比较多，包括织物的强力、毛细管效应值、织物缩水率等。

一、外观质量指标

织物经练漂处理后，所含的杂质基本去除干净，其外观性状与原坯布（绸）相比有很大变化。练漂半制品的外观质量包括光洁程度、光泽度、白度及外观疵点等几方面。不同织物的外观质量检测指标是有差异的，但总体要求基本一致。合格的练漂半制品外观应是光洁、亮泽、洁白、匀净的。

（一）棉及棉型织物的外观质量要求

1. 烧毛质量要求

纤维素短纤维纺织品即棉及其他棉型短纤维织物都要首先经过烧毛工序，烧毛质量的高低不仅影响产品的光洁度，更严重的是，如果烧毛达不到要求还会给后道工序带来很大的麻烦。所以对烧毛有较为严格的质量要求，普通棉织物烧毛质量要达到3级以上，即基本上没有长纤毛。斜纹、纱卡其、纱华达呢、纱哔叽等应达3~4级，即基本上无长纤毛，仅有短毛，且较整齐。涤纶、维纶与棉的混纺布，涤粘中长纤维混纺布按同类棉布产品要求降低半级。

2. 白度要求

客户对漂白产品的白度有一定的要求，染色、印花加工对练漂半成品的白度也有一定的要求。经练漂处理后，织物的白度一般要求达到85%（以$BaSO_4$作为100%计）以上，白度的具体要求视纤维及织物的品种、用途、印染加工色彩的不同而略有不同。

3. 手感的要求

纺织品经过练漂加工后，所有杂质基本去除，织物的手感在滑爽、柔软等方面应该有较大的提高。

4. 光泽的要求

目前棉织物除少数漂白或浅色品种外，一般均要进行丝光处理，使织物获得丝一般的、耐久性的光泽。

5. 外观要求

练漂外观质量检验包括织造疵病和练漂加工疵病两方面。无论哪方面的疵病都将直接影响织物的质量等级和后加工质量。常见的织造疵病有稀密路、断经、纬纱不匀、蛛网百脚等。常见的练漂加工疵病有卷边、破损、纬斜、各类斑渍、幅宽大小等。对练漂半制品的检验而言，重点是检验和控制练漂加工产生的疵病。

（二）毛及毛型织物的外观质量要求

毛织物的外观质量主要包括呢面的光泽性、白度、光洁性能、外观疵点等。其中前3项与棉织物类似，只是程度有所不同。外观疵点主要有：精梳毛织品中的经向粗纱、细纱、双纱、松纱、紧纱、错纱，呢面局部狭窄，油纱、污纱、异色纱、磨白纱、边撑痕、剪毛痕；缺经、死折痕、经档、经向换纱印、边深浅、呢匹两端深浅、条花、色花，刺毛痕、边上破洞、破边、刺毛边、边上磨损、边字发毛、边字残缺、边字严重沾色、漂白织品的边上针锈、针眼、荷叶边、边上稀密；纬向粗纱、细纱、双纱、松纱、紧纱、错纱、换纱印、缺纬、油纱、污纱、异色纱、小辫子纱、稀缝；经纬向的厚段、纬影、严重搭头印、条干不匀、薄段、纬档、织纹错误、蛛网、织稀、斑疵、补洞痕、轧梭痕、大肚纱、吊经条，破洞、严重磨损、毛粒、小粗节、草屑、死毛、小跳花、稀隙，呢面歪斜等。

（三）丝织物的外观质量要求

丝织物的外观质量要求不同于短纤维织物，主要包括以下三个方面。

1. 白度与光泽要求

练漂后蚕丝的织物白度要求达到80%以上。天然桑蚕丝织物应具有天然珠宝似的晶莹透亮而又柔和的光泽，所以白度不要求过高，以略带"肉"色为佳，若带青光或灰光似乎就失去了桑蚕丝纤维的本色。过去对白度的评定主要靠肉眼观察，难以掌握评定结果的稳定性，可比性较差，现在采用白度仪测定，有统一的白度标准，其结果的稳定性和可比性有大提高。目前双绉类产品的白度要求达到80%以上，电力纺、斜纹绸可达85%以上，但用白度仪测出的白度往往与肉眼评定有差距。织物的光泽也会影响白度，光泽好的织物白度也高，因此白度的评定要结合光泽来进行。

2. 手感的要求

桑蚕丝织物脱胶后柔软、滑爽，具有独特丝鸣特征是其被称为"纤维皇后"的重要原因。

3. 绸面疵点

绸面疵点包括织造疵点和练漂疵点两方面，可根据其种类、数量、程度评定织物的质量等级。常见的练漂疵点有纤维损伤（擦毛、灰伤、轧伤）、皱印、色泽深浅、破损、边不齐、有渍印（色渍、锈渍、油污渍、霉渍、蜡渍、皂渍、白雾、搭开）等。

二、内在质量指标

纺织品的内在质量一般是指其基本力学性能及相关的加工性能，它包括织物的润湿渗透性指标，如毛细管效应值；织物的物理指标，如幅宽、密度、重量、缩水率；有关力学性能指标，如断裂强力等。其中与练漂加工过程关系密切或对产品质量和后加工工艺影响较大的质量指标有三项。

（一）毛细管效应值

毛细管效应值是衡量织物被水润湿渗透效果的物理量，织物的毛细管效应值大，织物吸水，透汗性好，穿着舒适。另外，练漂产品多数是还要进行染色、印花、整理等后续加工的半制品，这些后加工工序都要求织物具有良好的毛细管效应值。织物的毛细管效应值除受制于纤维类别、织物组织类型之外，还受练漂除杂质量的影响，所以，毛细管效应值是非常重要的练漂质量指标。练漂之后，织物的毛细管效应值应达到 8cm/30min 以上，具体数值因织物类型不同略有差异。

（二）强度指标

练漂加工过程中使用的许多化学试剂都会对纤维强度有一定影响。例如，棉织物漂白用的氧化剂、退浆用的碱剂、蚕丝织物精练用的碱剂、还原剂等，它们在对织物练漂去杂的同时，也会不同程度地损伤纤维，造成纤维强度的降低。如果工艺控制不当，会造成纤维强力明显下降，影响后续加工的进行和纤维的使用价值，所以纤维的强度也是练漂产品的重要指标之一。不同纤维类别和织物组织类型的织物，其强度指标不同。

（三）织物缩水率

练漂半制品，尤其是练漂产品的缩水率是决定纺织品质量等级的重要指标之一。纤维原料种类不同、织物组织类型不同，对缩水率的要求是有差异的，但总体要求是织物的尺寸稳定性要高，缩水率必须低。织物缩水率的大小除取决于纤维和织物组织类型外，还与印染加工的许多工序的工艺控制有关。

除以上三个主要指标外，练漂半制品的质量指标是根据织物及工艺的具体情况而设定的。例如，棉织物退浆要求退浆率达 80% 以上（织物上的残浆量<1%），织物轧水后的含水率在 60%~70%，烘干后应为 5%~6%；棉织物丝光后，钡值要求达到 135 以上。丝织品还有综合性的实物质量检验，包括织物的手感、白度、渗透性三个方面。对于纤维及后续加工过程中敏感性的试剂也应进行相应的检测。例如，织物上的 pH 值、带碱（酸）量、残留有效氯等。为了保证练漂产品的质量，还应在每道工序进行相关指标检验，以掌握练漂效果，及时发现问题，予以纠正。

任务二　练漂产品质量影响因素及控制

【学习任务】

1. 归纳决定纤维强力的主要因素及其影响规律。
2. 分析影响纤维强力的因素及控制措施。
3. 分析纤维白度的影响因素及控制措施。
4. 分析纤维毛细管效应的影响因素及控制措施。
5. 分析织物缩水率的影响因素及控制措施。

练漂产品的质量主要决定于练漂工艺（流程、配方、工艺条件），另外，练漂助剂、练漂加工设备及操作等也是影响练漂产品质量的重要因素。只有正确分析产品质量的影响因素，加工中才能做到有的放矢，防患于未然，控制好产品质量。以下是对练漂产品四个主要质量影响因素及控制的分析。

一、强力的影响因素及控制

纤维的强度与其本身的结构有关，主要取决于两个方面，即纤维分子的聚合度与物理结构。同种纤维，分子聚合度越大，强度越高。例如，同为纤维素纤维，黏胶纤维因聚合度大大低于棉，其强度也不如棉高。纤维材料的物理结构则主要是指其超分子结构的特点，包括材料的结晶程度、取向程度、结晶的完整与均匀程度等。它们对纤维强度的影响规律是：结晶度越高，强度越大；取向度越高，强度越大；结晶越完整、越均匀，强度越大。在练漂加工的过程中，能够影响这些方面的主要是加工设备、工艺因素两大方面。

（一）设备因素的影响及控制

在练漂中常用的设备根据织物受力状况可分为松式和紧式两大类。松式设备主要是绳状加工、浸或淋式加工设备，织物本身处于较松弛状态，受到的张力小，张力对其本身强力影响不大。紧式设备主要是浸轧设备、平幅加工设备，织物在加工中受到来自设备的挤压力或拉力作用，使织物组织结构发生变化，从而影响到织物的强力。另外，有些纤维在干湿状态下，其强力也有所不同，特别是湿强度较低的纤维，如黏胶纤维、蚕丝、腈纶等，在加工时如果张力过大，极易造成织物强力下降，甚至出现破损。

因此，对于织物本身强力比较低的织物，如丝绸类、组织疏松的轻薄类织物，应尽量选择松式加工设备。而对于组织紧密、厚实的织物，应考虑采用紧式设备。设备的材质也会对某些加工过程产生一定的影响。如在氯漂及氧漂时，设备不能选用铁、铜制品，原因是它们对于氧化纤维素有催化作用，会加剧纤维的损伤程度。

（二）工艺因素的影响及控制

练漂的目的主要是去除织物上的杂质，大多是采用化学方法。即选择某一种或几种化学试剂，通过一定的工艺条件，使之与织物上的杂质进行反应，使杂质降解或转变成易溶性物质而被去除。在此过程中，有很多试剂，例如，漂白用的氧化剂、蚕丝脱胶用的碱剂等，它们不只是和纤维上的杂质起反应，也会与纤维反应，对纤维造成一定的化学损伤。如果工艺控制不当，就会引起纤维明显降解，使强力明显下降。因此，在制订练漂加工工艺时，应从以下几个方面加以考虑。

（1）在保证去杂质量的前提下，尽量选用对纤维无损伤作用的安全性试剂。例如，蚕丝织物脱胶可用多种碱剂，但一般选用碱性适中又具有一定缓冲作用的纯碱作为主碱剂，这样既能保证丝胶水解去除，又能控制丝素的水解损伤。蛋白质类织物漂白，不能选用含氯氧化剂，否则纤维强力会显著损伤。纤维素在较强的酸性介质中水解迅速，所以纤维素类织物加工不选用强酸性条件。

（2）许多练漂试剂具有除杂和损伤纤维的双重作用，在选用这些有双重作用的练漂试剂时，应确定合理的工艺条件，并进行严格控制。例如，因纤维素纤维对酸敏感性较强，所以不能采用高浓度的酸液退浆，这又使退浆速度和程度受到限制，因此，酸退浆要严格控制酸度，可通过配合使用其他试剂来提高退浆速度和程度。在退浆及漂白过程中使用的氧化剂大多数对纤维有一定的氧化损伤，而这些试剂对纤维的损伤又与工艺条件密切相关。蚕丝、羊毛等蛋白质类织物在精练去杂时，使用的碱剂也对纤维有一定的催化水解作用；涤纶本身不耐强碱，但碱减量处理还必须用强碱，诸如此类，还有许多。如何才能解决这类矛盾，使练漂试剂既能有效地去除杂质，又对纤维损伤小，强力又不出现明显下降呢？关键就在于合理地、严格地控制好工艺条件。

（3）加强水洗，排除不安全因素。水洗不但可以彻底去除织物上原有的杂质，而且可以清除加工中使用的化学试剂，排除不安全因素。尤其是酸（包括酸性盐）、碱（包括碱性盐）、氧化剂、含氯化合物等，如果在织物上存留量过多，会导致纤维在储存、使用的过程中脆损，影响织物强力。

练漂过程中，应控制的主要工艺条件有试剂的浓度、溶液的 pH、加工时的温度、加工的时间等。这些条件对去杂本身及对纤维的破坏均有不同程度的影响。在选择工艺条件时，应考虑这样的原则：既保证除杂效果，又要尽量减少纤维的损伤，要找到二者的切合点。以氯漂中的温度选择为例，温度越高，漂白白度越好，但纤维损伤却随之加剧，因此氯漂温度不宜过高，一般以采用室温为好。再如，蚕丝织物的碱脱胶处理，酸性或碱性越强，脱胶效果越好，但丝素在 pH<1.75 和 pH>11 时即开始明显降解，强度下降，因此其脱胶 pH 应选在 9~11。

（4）严格按工艺规程操作，防止操作性纤维损伤。例如，棉织物在退浆时，当轧酸堆置到达规定时间后，应立即水洗，否则易造成风干，会损伤纤维。常压汽蒸煮练过程中使用过热蒸汽加热时，过热蒸汽未给湿、箱内表层织物被蒸干、织物在汽蒸箱内停留过久或用碱浓度过高，均会引起棉织物局部脆损，强力下降。常压汽蒸煮练过程中使用过热蒸汽加热时，应给湿成饱和蒸汽后再进行，以防止纤维强力下降或脆损。再如，氧化剂漂白时，漂白剂浓度过大、时间过长、温度控制不当、敏感性试剂用量过大等均可造成纤维损伤。煮布锅加压煮练前，锅内空气排放不净，也可使织物强力下降。真丝绸精练时，练液循环不好或过于沸动、操作不当都可能引起精练过度，使丝素受损，形成灰伤、擦伤等疵病，严重的则使织物强力和延伸能力均有不同程度的下降。总之，操作中如有失误，就有可能导致纤维强度下降。

（三）其他因素的影响及控制

除以上所提到的设备、试剂及工艺条件的选择之外，还有一些其他因素也会导致纤维强力下降。如原坯使用或沾染上了纤维敏感性试剂、织物存放不当发生霉变、运输过程中的拉伤和擦伤等，都要根据具体情况采取相应措施予以消除。

二、白度的影响因素及控制

（一）工艺因素的影响及控制

首先是漂白剂，不同的漂白剂漂白效果不同。常用的氧化型漂白剂白度较好且稳定性强，而还原型漂白剂的漂白能力较弱且不稳定，日久泛黄严重。在常用的三种氧化型漂白剂中，白度最好的是 $NaClO_2$，H_2O_2 的白度纯正，无杂色光，也是比较好的，而 $NaClO$ 的白度就稍差一些。即使用同一种漂白剂，由于使用浓度、温度、时间、pH 值等具体条件不同，白度也有差异。一般规律是：漂白剂的浓度越大，白度越好；漂白时间越长，温度越高，白度越好；pH 则随漂白剂的种类而不同，适宜的范围有较大差别。特别要注意工艺中不能单纯考虑白度的要求，还要考虑纤维本身的安全性。

（二）其他因素的影响及控制

漂白过程本身是影响白度的主要因素，但另有一些因素也对织物白度有影响。如天然纤维精练去杂的程度对白度影响较大，去杂越彻底，纤维纯度越高，白度越好。练漂中形成的各类斑渍也会影响织物白度，增白处理效果也会影响织物白度。另外，织物存放久了，白度就会有不同程度的下降，所以时间也会影响织物白度。综上所述，只有合理选择漂白剂，严格控制工艺条件，彻底均匀地清除织物上的杂质，才能使织物获得理想的白度。

三、毛细管效应的影响因素及控制

毛细管效应值（简称毛效值）是衡量织物润湿渗透性能的重要指标。合格的练漂半制品应具有 8cm/30min 以上的毛效值，若太低，势必影响织物的后加工过程及使用性能。

毛效值的高低受到纤维及织物组织、工艺因素等多方面的影响。

（一）纤维及织物组织的影响及控制

纤维本身的种类及含杂情况将影响其润湿渗透性。纤维种类不同，所含有的亲水性基团不同，其本身的数量及亲水能力将直接影响织物的润湿渗透能力；纤维本身的比表面积也将影响其渗透性。通常，亲水性强的纤维，毛效值较高；疏水性强的纤维，毛效值较低。天然纤维的润湿渗透性普遍较合成纤维好，主要是由于其亲水性基团丰富、结构较为疏松、比表面积大。

纤维本身的含杂情况，尤其是拒水性杂质也是影响织物毛效值的主要原因。通常，纤维的含杂程度越高，拒水性越强，纤维的润湿渗透能力就越差，毛效值越低。尤其是天然纤维，因其所含的杂质绝大部分是疏水性物质，所以未经练漂处理的原布，其毛效值基本为零。练漂过程中杂质去除越彻底，毛效值越高。另外，拒水性物质，如蜡质物，在纤维表面的分布状态也对纤维润湿性有很大影响，如果纤维表面被蜡质物中的拒水性物质所覆盖，就形成了拒水性的表面，织物的润湿渗透性自然很差。通过练漂，可以减少拒水性物质的含量，也会改变拒水性物质在纤维表面的分布状态，从而改善织物的润湿性能，提高毛效值。

织物的组织结构对其润湿渗透性也有影响，织物组织紧密厚重的，润湿渗透性能差，毛效值低；反之，组织疏松的轻薄型织物的毛效值就高。

（二）工艺因素的影响及控制

在练漂过程中，影响织物渗透性好坏的主要是杂质，特别是拒水性杂质的去除程度。天然纤维中以棉为例，杂质中的果胶质和蜡质物是主要的拒水性物质，练漂中必须有针对性地使用烧碱和表面活性剂等予以去除。另外，温度提高有利于蜡质物的去除，所以煮练应在较高温度下进行。其次，为了保证练液充分渗入纤维内部，去除纤维内表面的拒水性杂质，练漂中多使用渗透性表面活性剂，以提高拒水性杂质的去除程度，提高纤维内表面的润湿渗透能力。

（三）其他因素的影响及控制

在后续加工过程中，特别是整理工艺中，所采用的加工方法不同，成品的毛效值有差异。例如，经树脂防缩防皱处理的织物与未经处理的织物相比，其毛效值要低。经接枝处理的纤维，其毛效值也会有变化。经其他添加剂整理的织物也会影响其毛效值。

另外，测定毛效值所采用的方式不同，测定结果会有差异。

四、织物缩水率的影响因素及控制

影响织物缩水率大小的因素，主要是纤维本身的吸水溶胀能力、织缩率及染整加工工艺等。

（一）纤维吸水溶胀能力及织缩率的影响及控制

纤维本身吸水后，会产生一定程度的溶胀，不同种类的纤维其吸水溶胀程度不同。通常纤维的溶胀都是各向异性的（锦纶除外），即长度缩短，直径增大。通常把织物下水前后的长度差与其原长的百分比称为缩水率。吸水能力越强，溶胀越剧烈，缩水率越高，织物的尺寸稳定性越差。

织物本身的长度与所使用的纱（丝）线长度是不同的，通常用织缩率来表示两者的差异。

$$织缩率 = \frac{纱（丝）线长度 - 织物长度}{织物长度} \times 100\%$$

织物在下水后，由于纤维本身的溶胀，使织物长度进一步缩短，产生缩水率。织物的织缩率不同，其缩水率的大小就不同。织物本身的组织结构及织造张力不同，其织缩率就不同。织造张力小，织物紧密厚实，织缩率大，织物的缩水率就小；织造张力大，织物疏松轻薄，织缩率小，织物的缩水率就大。在染整加工中，为了降低织物的缩水率，常采用预缩整理的方式来加大纬密，预先提高织缩率，从而降低织物的缩水率。

（二）工艺因素的影响及控制

在练漂加工中，织物不同程度地受到一定的张力作用，这会引起织物伸长，而这种伸长是暂时的，一旦织物再次下水，就会在水的溶胀作用下，释去外力造成的紧张状态。伴随着这种变化，纤维也会出现相应的回缩，引起织物的缩水现象。为了降低织物的缩水率，在加工时，应尽量减少张力，特别是湿状态下易变形的织物，如纯棉织物、黏胶织物、蚕丝织物等，一般应采用松式无张力加工设备进行加工。

（三）其他因素的影响及控制

除了以上因素之外，后整理加工工艺过程对织物缩水率也有较大的影响，特别是后整理中的预缩整理、化学防缩防皱整理，主要就是针对织物缩水率而进行的、预缩程度高的织物，缩水率会明显降低，经化学防缩整理的织物，其尺寸稳定性也会明显提高。

任务三　练漂产品常见疵病分析

【学习任务】

1. 熟悉常见织造疵病的形态。

2. 熟悉练漂产品常见疵病的形态、产生原因及克服办法。

练漂产品的疵病根据其产生原因可分为两种情况，即织造疵病和练漂加工过程中造成的疵病。只有搞清楚疵病产生的原因，才能采取相应的控制措施，防止疵病的发生，保证加工质量。

一、织造疵病

用于练漂的织物原坯在织造过程中形成的疵病虽难以通过练漂加工彻底改善，但正确分析它，合理地确定织物加工流程，能最大限度地改善织物的加工质量。织物的织造疵点分为经向疵点与纬向疵点，如果无法区分这两种疵点时，则归属于其他疵点。经纬向的疵点并不一定是由经、纬纱（丝）引起的，它主要是表示疵点发生的方向。现将主要疵点产生的原因及其注意事项说明如下。

（一）经向疵点

（1）综框穿错。穿综或调整织口时，穿错综丝，因而引起组织错乱。

（2）筘痕（筘路）。由于经纱张力的不匀而在织物上产生经向条花，选用筘号不当或穿筘数不合适，织物调整不良、浆纱过硬、上浆过多均可引起筘痕。

（3）稀筘路。由于筘齿不齐或损伤，造成织物在整个长度上出现经向条花。

（4）紧经（急经）。在准备工序中，一部分经纱过度拉伸，织造以后因张力不一致，出现的经向条花及布面起皱。

（5）缺经（断经）。在整匹或部分织物上缺少一根或数根经纱，使织物组织错乱。

（6）松经或弓经。松经在织物上造成经向条花或线圈、粗节，结头挂在分绞棒、综丝、筘齿上后，会造成经纱伸长。由于经轴的衬经纸少，经纱断头后形成经纱张力不匀。

（7）经向条痕。由于整经成形或操作不良，使布面上产生经向条痕及条纹。

（8）结头痕。经纱接头过多，造成结头点过密。

（9）综筘穿错。由于穿筘错误，整匹织物出现经向条痕。

（10）条带痕（整经条痕）。在分条整经时，各条带之间张力不匀，使布面的反射光线不同而形成条带痕。

（二）纬向疵点

（1）厚段。纬纱的织入数超过规定数，造成质地较厚的云斑。

（2）停车档（纬纱松档、忱档）。在开口状态下，长时间停车造成纬向条痕。

（3）薄段。纬纱织入数少于规定数，造成质地较薄的云斑。

（4）纬档（纬向条痕、横档）。由于织机运转不良，在打纬时出现稀密，产生不规则的细小横档。

（5）稀弄（松档）。整匹或部分织物上，经纱明显被分开，产生间隙。

（6）油纬。由于织入了由铁锈、油污等沾污过的纱线，而形成油纬。

（7）因织造不良而造成的疵点（折痕、拆档、开车档等）。拆布后容易起毛，并会产生厚薄段。

（8）因管纱崩散而引起的缺纬。织入了从纬管上崩散的纱线而引起缺纬。

（9）芯线断头。碧绉线或花式线的芯线断裂，造成解捻，在表面上呈现出纬碎纹及抽纬的外观。

（10）跳花。由于梭口处有经纱断头或遇经纱大结头、黏附回丝等，使经纱相互纠结，开口不清而形成跳花。

（11）拖纬。换梭时，将上一只梭子中的剩余部分织入，而形成拖纬现象。

（12）松纬（弓纬）。局部纬纱松弛，在布面上形成条纹或环状。

（13）紧纬。由于一部分纬纱过于拉紧而产生紧纬现象。

（14）厚薄段。即纬向出现的稀密档。

（三）其他疵点

（1）蛛网。有一部分经、纬纱没有交织起来，形成蛛网或浮纹。

（2）坯布折痕。坯布上留有折过的痕迹。

（3）皱疵。即使用强捻纱织造的织物所具有的疵点。

（4）松档。这是绉绸织物上最多的一种疵点，经纱呈波浪状弯曲，织物产生裂缝、间隙。其原因是牵手、曲拐轴承、筘片弯曲等织机的机械不良。

（5）错花。部分花型织错。

（6）糙斑。这是长丝等织物上的疵点之一。由于织物上各部位纱的折射不同，引起光线反射不一，看上去有闪光的现象。

（7）光泽不匀。指织物的光泽不匀。主要是由织造张力不匀、布的精练不匀、漂白不匀、轧光不匀等原因造成的。

（8）边撑疵。由边撑引起的布边疵点。

（9）弓纬。纬纱与经纱不呈垂直状，有歪斜弯曲。

（10）歪斜。织物中纱线虽然呈直线状态，但经纱与纬纱相互没有保持正确的角度。这种歪斜状态是由织物结构（纱的捻向、织纹组织等）引起的，而不是在加工中形成的。

（11）松边。部分组织松弛。

（12）布边不齐。布边不齐有可能是经纱或纬纱张力变化引起的，紧边现象是由于吊纬和张力不匀而引起的，荷叶边是由于纬纱从某一纬管上抽出时所具有的特殊张力变化引起的。

（13）织物起皱。在织造中，由于经纬张力变化，使织物产生不均匀的松弛或收缩，引起织物产生皱波纹。

（14）起球。在织物表面产生的小毛粒。

（15）浪纹（经纬滑动）。在织物表面出现一部分纱线偏离现象，其原因是：经纬密度差异大，纬纱的纬密不一致；织物在精练工序中处理不当，在圆网烘干机中，圆网的转速不一致，坯布的前进速度同各罗拉的转速不一致。

二、练漂工艺疵病

（一）棉型织物练漂的主要疵病

1. 烧毛疵病

（1）烧毛不净。

①疵病形态。布面仍有过多的纤维绒毛。

②产生原因。

a. 内焰温度低或内焰与布距离过大。

b. 铜板或圆筒温度不够。

c. 铜板或圆筒与织物接触面积过小。

d. 车速过快。

e. 烧毛次数不够。

③克服办法。

a. 调节内焰温度或高度。

b. 提高铜板、圆筒温度。

c. 减慢车速。

d. 清洁毛刷与金刚砂辊，调整铜板与织物的接触面积。

e. 增加烧毛次数。

（2）烧毛过度。

①疵病形态。布面烧焦，涤纶变硬或熔化，布幅收缩过。

②产生原因。与烧毛不净的原因相反。

a. 内焰与布距离过小。

b. 铜板或圆筒温度过高。

c. 铜板或圆筒与织物接触面积过大。

d. 车速过慢。

e. 烧毛次数过多。

③克服办法。

a. 调节内焰温度或高度，调节铜板、圆筒温度。

b. 调整车速。

c. 减少烧毛次数。

d. 调整铜板与织物的接触面积。

（3）烧毛不匀。

①疵病形态。布面残留纤维绒毛长短不一，分布不匀。

②产生原因。

a. 火口阻塞或变形。

b. 铜板、圆筒表面不平或两端温度不一致。

c. 布面有折皱。

③克服方法。

a. 疏通火口或校正火口缝隙。

b. 刨平火口两侧铁，锉平铜板或车平圆筒。

c. 改进操作，调节进布张力导辊，保持吸边器活力，使织物以平整状态进行烧毛。

（4）烧毛破洞或豁边。

①疵病形态。布面有烧成的小洞，布边有烧成的豁口。

②产生原因。

a. 拖纱、边纱、棉结等燃烧后未及时熄灭。

b. 火星落在布面上，未及时熄灭。

c. 汽油气化不良，有油滴喷至布面。

d. 车速太慢。

③克服方法。

a. 缩短火口与灭火距离。

b. 调换雾化喷头。

c. 提高气化温度。

d. 加快车速。

2. 退浆疵病

（1）风干脆损。

①疵病形态：布面白度、色泽、手感不一，织物强力下降。

②产生原因。

a. 碱退浆、酸退浆、酶退浆、酶酸退浆堆置时局部外露，造成风干，进而引起局部碱或酸浓度过大，纤维脆损。

b. 轧酸、碱等试剂之后堆置时间过长，没有及时水洗。

c. 对酸、碱等水洗不净。

③克服办法。

a. 在堆置过程中防止风干。

b. 合理控制堆置时间。

c. 及时水洗。

（2）聚乙烯醇斑渍。

①疵病形态。布面上有浆斑，光泽不匀，染色后形成斑渍疵布。

②产生原因。聚乙烯醇（PVA）用碱退浆时，须用高温热水溢流充分冲洗，如退浆温度低，PVA溶解度小，退浆效果差，如水洗时热水温度和流量不够，会造成PVA重新积聚到布上。

③克服办法：提高退浆和水洗温度，加大水洗时的热水流量。

3. 煮练疵病

（1）生斑。

①疵病形态。局部织物呈暗黄色，有时有棉籽壳存在，毛细管效应值很低。

②产生原因。

a. 煮练中化学助剂用量不足。

b. 煮练温度过低。

c. 煮练时间不足。

d. 升压过快，造成升温过快。

e. 煮练液浴比过小或中途漏液，部分织物未浸没于煮练液中。

f. 织物装锅时堆置过紧，加热器中铁管阻塞或液泵流量、流速不足，造成煮练液循环不畅。

③克服办法。

a. 制订并严格执行煮练工艺，特别注意控制升压升温速度和煮练温度。

b. 控制合理浴比，防止煮练过程漏液，预防部分织物未浸没于煮练液中。

c. 织物装锅时堆置松紧适度，控制液泵流量、流速适当，使煮练液循环通畅、均匀。

④修复办法。出现生斑时可重复煮练进行回修。复练时烧碱和表面活性剂的用量可略低，煮练时间可略短。

（2）碱斑。

①疵病形态。织物的局部带有残液的暗棕色斑渍。

②产生原因。碱斑主要是碱液在织物上干涸而成。

a. 当煮练浴比过小或中途漏液时，部分织物未浸没于煮练液中，致使煮练残液在织物上干涸，便造成了碱斑，甚至造成局部碱缩。

b. 煮练完毕后，如果排液过多、过快，洗涤进水慢或过迟或水量不足以及部分织物未浸没于水中，致使残液在织物上干涸，也易造成碱斑，甚至产生局部碱缩。

c. 出锅后织物仍带有一部分残液，如果酸洗不及时或酸洗不充分，使残液吸附于织物上，也易造成碱斑。

③克服办法。

a. 控制合理浴比，防止煮练过程漏液，使织物完全浸没于煮练液中。

b. 保证练后酸洗和水洗效果，防止水洗不匀、不净，局部残留碱液。

④修复办法。碱斑可用热的稀酸或热水反复洗涤去除，严重的需进行复练，如果已造成局部碱缩，则无法回修。

（3）钙斑。

①疵病形态。钙斑的颜色和煮练后织物的颜色相近似，因此，在外观上一般不易发现。钙斑会使织物手感粗硬，甚至产生拒水性。

②产生原因。如果煮练用水或练后水洗用水的硬度过高，容易在织物上吸附钙皂、镁皂或无机钙盐，形成钙斑。

③防止办法。煮练以及水洗要用软水。

④修复办法。如发现钙斑，可用热的稀酸反复洗涤，使钙盐溶解。

（4）黄斑。

①疵病形态。织物的局部带有暗棕色。

②产生原因。如果煮练用水，练后酸洗、水洗用水中含有大量泥沙或铁质，则易造成黄斑（尤其是采取淋洒方式进行酸洗、水洗时）。由铁质造成的黄斑有时不易和碱斑区别，可以在斑迹上滴 1 滴稀盐酸，再滴 1 滴硫氰化钾溶液，如果有红色呈现，即说明是由铁质造成的黄斑。

③克服办法。注意用水质量和送水管道的质量。

④修复办法。如属泥沙造成的黄斑，可以用水反复洗涤；如属于铁质造成的黄斑，可以用 2~3g/L 草酸溶液在中温条件下进行处理，这时铁离子即变为可溶性的草酸铁络合物而被去除。

（5）泡花碱斑。

①疵病形态。织物手感粗硬，使织物产生拒水性。

②产生原因。如果煮练液中泡花碱用量过多，水洗和酸洗又不及时或不充分，泡花碱、二氧化硅和硅酸钙、硅酸镁易吸附在织物上而造成泡花碱斑。

③克服办法。控制泡花碱用量，提高水洗温度并加强水洗。

④修复办法。可用热的稀酸或热水反复洗，严重的需进行复练。

（6）纤维脆损。

①疵病形态。纤维脆损疵病在外观上不易发现，通过织物断裂强度测试或聚合度测试即能发现。纤维脆损疵病一经发生则无法挽回。

②产生原因。

a. 高压煮练时，锅内空气排除不尽。

b. 煮练浴比过小或中途漏液，部分织物未浸没于练液中。

c. 煮练温度过高。

d. 织物上粘附了铁锈、铁屑，都易造成纤维脆损。

e. 出锅酸洗后，如果水洗不及时或不充分，织物带酸风干，易造成纤维脆损疵病。

③克服办法。

a. 高压煮练前，锅内空气要尽量排除干净。

b. 煮练浴比要适当，防止中途漏液，保证织物在煮练过程中全浸没于练液中。

c. 控制煮练温度。

d. 防止织物上黏附铁锈、铁屑。

e. 织物出锅酸洗后，要及时充分水洗。

4. 漂白疵病

（1）白度不足、不匀。

①疵病形态。在外观上洁白度不足，不均匀一致。

②产生原因。

a. 漂白液浓度过低。

b. 温度过低，温度不匀。

c. 漂液 pH 控制不当、堆置或汽蒸时间不足、处理时溶液不匀，都易造成漂白作用不均匀而形成白度不足。

d. 当采用轧漂方式时，如果浸轧槽、导辊过小，浸轧次数过少等都可能造成漂斑。

e. 如果漂白前织物煮练不透，也可造成白度不足。

f. 漂白工艺条件前后控制不当或中途停车较长，都可能造成白度不匀。

③克服办法。

a. 漂白液浓度、温度、pH、时间控制要适当。

b. 选择合适的浸轧槽和浸轧辊。

c. 保证练漂前织物的煮练具有一定的效果。

（2）泛黄。

①疵病形态：织物在练后存放、使用过程中短时间内自动变黄。

②产生原因。

a. 煮练不透。

b. 漂后脱氯不充分。

c. 漂后水洗的水质不纯、硬度高，都会引起织物泛黄。

③克服办法。

a. 保证煮练质量。

b. 漂后要充分地脱氯。

c. 保证水洗用水的质量。

（3）锈斑。

①疵病形态。织物上有黄棕色铁锈斑渍，严重时有破洞。

②产生原因。漂白过程中，织物与铁器接触或化学品及水中带有铁质。

③克服办法。避免铁器接触织物，避免漂液、水洗用水中带有铁离子。

④修复办法。用 2~3g/L 草酸溶液在中温条件下进行处理，铁离子即变为可溶性的草酸铁络合物而被去除。

（4）强力下降或脆损。产生原因如下。

①漂白液中含有未充分溶化的漂白剂颗粒，漂白液浓度过高。

②漂白（堆置或汽蒸）时间过长。

③次氯酸盐漂液温度过高或 pH 控制不当，汽蒸使用过热蒸汽。

④中途停车过久。

⑤织物漂白后漂液未洗净，带氯或带酸干燥。

⑥如果织物上沾有铁质，漂白液中含有铁离子，或漂白液及含漂液的织物受到日光照射，也易造成纤维强力下降或脆损。

5. 丝光疵病

（1）皱条。

①疵病形态。布面有光泽不一的经向皱印。

②产生原因。

a. 去碱箱、平洗槽导布辊不平整或转动不灵活。

b. 导布辊沾有纱头。

c. 去碱箱、平洗槽直接蒸汽量太大。

d. 平洗张力太小。

③克服办法。

a. 及时检查维护加工设备，保证去碱箱、平洗槽导布辊平整且转动灵活。

b. 保持导布辊沾的清洁，有纱头及时去除。

c. 控制好去碱箱、平洗槽直接蒸汽量的大小，使其保持在合适状态。

d. 控制好平洗时的张力，保持绸面的平整。

（2）纬斜。

①疵病形态。布面上经纬线不垂直。

②产生原因。

a. 轧辊左右压力不匀。

b. 导布辊筒不平整。

c. 布铗销子磨损程度两边不一。

d. 缝头不齐。

③克服办法：

a. 对设备要及时检查和维护，保持轧辊左右压力的均匀和导布辊筒的平整。

b. 及时更换有磨损的布铗销子。

c. 加强缝头工序的操作检查力度，保证缝头的整齐和平整。

（3）拉破。

①疵病形态。主要是布边有破损。

②产生原因。

a. 扩幅过大。

b. 薄织物前处理伸长过大。

c. 布铗刀片尖角太锐利。

d. 出布铗处布铗开口过迟。

e. 前处理半制品强力不足或局部脆损。

③克服办法。

a. 保证前处理半成品无伸长和脆损问题。

b. 控制合理的扩幅尺度。

c. 设备及其运行情况保证良好。

（4）染后有深边。

①疵病形态。丝光后难以发现，染色后布边颜色深。

②产生原因。

a. 轧辊在布边处有凹陷。

b. 双层丝光时，上下层布参差不齐。

c. 扩幅时布边冲洗不足。

③克服办法。

a. 加强丝光设备的检查和维护，保证轧辊的完好，尤其是布边处不能有凹陷。

b. 双层丝光时，上下层布一定好整齐。

c. 扩幅时要保证布边的充分冲洗。

（5）染后阴阳面。

①疵病形态。丝光后难以发现，染色时得色有正反面。

②产生原因。双层丝光叠合一面吸碱及洗碱不充分造成丝光不匀而致。

③克服办法。双层丝光时，要做到两面吸碱一致、洗碱充分，丝光均匀一致。

（二）羊毛练漂的主要疵病

羊毛的初加工也称原毛准备，包括羊毛的拣选、洗毛、炭化等，这其中常出现的疵病主要有7项。

1. 洗净毛含杂过多，毛色不洁白

（1）产生原因。

①原毛含杂多，毛块缠结，不够松散。

②喂入量过多，洗涤剂用量不足。

③漂洗槽槽水过脏。

（2）克服办法。

①将含杂多的原毛单独进行洗毛处理，防止羊毛块缠结。

②合理控制喂入量及洗涤剂用量。

③及时更换漂洗槽槽水，不要过脏。

2. 洗净毛含脂高

（1）产生原因。

①洗剂用量不足或追加洗剂不及时。

②轧辊效果不良。

③槽水温度过低。

④辅助槽滤板上羊毛堆积时间过长。

（2）克服办法。

①合理控制洗剂用量。

②控制合理的轧余率。

③控制合理的洗槽水温。

④控制适当的羊毛堆积时间。

3. 毛色灰暗、手感粗糙

（1）产生原因。

①用碱量过多。

②槽水温度过高。

③漂洗槽含碱量过多。

④烘房温度过高。

（2）克服办法。

①控制用碱量。

②控制合理的槽水温度。

③控制烘房温度。

4. 毛毡并、结条过多

（1）产生原因。

①洗毛槽水温度过高。

②洗毛机耙钉不良或位置不当，造成羊毛与槽底摩擦。

③在喂毛和烘毛过程中翻滚过度，羊毛洗涤时间过长。

④作用槽的轧压辊压力过大，保速装置和轧压辊状态不良。

⑤炭化前开松不良。

⑥羊毛在浸酸后烘焙的喂毛机里翻滚过多。

⑦除尘机尘笼中羊毛过多。

⑧除尘机尘笼角钉插入过深。

（2）克服办法。

①洗毛槽水的温度不要过高。

②及时维修洗毛机耙钉。

③在喂毛和烘毛过程中翻滚要适度，羊毛洗涤时间不要过长。

④作用槽的轧压辊压力不要过大，保速装置和轧压辊状态要控制好。

⑤炭化前开松效果要好。

⑥羊毛在浸酸后烘焙的喂毛机里翻滚不要过多。

⑦经常清理除尘机尘笼中过多的羊毛。

5. 烘后羊毛过潮、毛丛不松散

（1）产生原因。

①烘前羊毛含水率太高。

②烘后羊毛干湿不匀。

③烘毛帘上毛层过厚，烘毛机内湿度太大。

④鼓风机风力不足。

⑤烘毛机温度太低。

（2）克服办法。

①烘燥羊毛时要控制好含水率，含水率一般控制在 20%～30%。

②对烘燥后的羊毛要充分回潮，保证干湿均匀一致。

③烘毛帘上毛层厚度和烘毛机内湿度不能太大，要严格按工艺执行。

④要保持烘毛机温度和鼓风机风力的充足。

6. 草屑过多

（1）产生原因。

①羊毛喂入量过多。

②炭化前开松不良，酸液浓度不够。

③羊毛在酸液中浸渍情况不良。

④烘焙后草屑不焦不脆。

⑤碾碎除尘效果不良，清洁工作不良。

（2）克服办法。

①羊毛喂入量要适当，不能过多。

②羊毛炭化前要充分开松，酸液浓度要达到工艺要求。

③羊毛在酸液中浸渍要充分均匀一致。

④烘焙要充分，达到草屑既焦又脆。

⑤做好碾碎除尘工作，保持工作环境的清洁。

7. 含酸过高

（1）产生原因。

①中和机第一槽酸洗效果不良。

②中和机第二槽碱浓度不足。

③中和机氨水浓度不足。

④羊毛在中和机浸渍时间过短。

（2）克服办法。

①做好中和机第一槽酸洗工作，保证酸洗效果。

②控制中和机第二槽碱浓度符合工艺要求，保证酸碱的中和效果。

③及时检测并保持中和机氨水浓度充足。

④羊毛在中和机中浸渍时间要充分，时间不能太短。

（三）真丝织物练漂的主要疵病

真丝织物的练漂又称精练或脱胶，其主要任务是脱除丝胶，脱胶的同时去除蜡质、灰分、色素等杂质，脱胶时常出现的疵病主要有：

1. 灰伤

（1）疵病形态。灰伤是指丝织物表面纤维末梢受伤外露，使绸面起毛，呈现出不规则的灰白色的色块或色条。灰伤多出于每匹织物的外层页头，又叫"头灰"，是一种不能修复的疵点。

（2）产生原因。

①复练浴碱剂用量过多，精练时间过长，温度过高，使得局部丝素发生了水解反应。

②蒸汽直接冲击绸面或温度过高引起练液过于沸动，造成织物相互摩擦，使织物表面受伤。

③设备不合理，摩擦织物的局部。

④染色过程设备工艺不合理也会使织物表面受损，造成灰伤。

（3）克服办法。

①改善工艺，避免或减少使用能与丝素发生化学作用的化学试剂，可采用酶法脱胶。

②在后期的精练工序要严格控制时间和温度，尽量避免织物相互摩擦以减少织物受伤。

③每匹织物外层加装包布，以防止匹与匹之间织物直接摩擦。

④合理选用设备，避免设备擦伤织物。

⑤避免蒸汽直接冲击绸面，引起练液过于沸动，让练液控制在沸而不腾状态。

（4）修复办法：灰伤一旦产生虽然无法清除，但用细软织物蘸少许杏仁油或核桃仁油在灰伤处轻擦，其受损程度可有所减轻或被掩盖。

2. 白雾

（1）疵病形态。织物表面呈现的不规则的白色雾状斑渍。

（2）产生原因。

①不同脱胶方法所用试剂的特性及引起白雾的严重程度是不同的。在皂—碱法工艺中，白雾的生成最为严重，因为肥皂遇水中钙、镁等金属离子便形成沉淀，它们黏附在织物上，往往很难洗净；采用非离子型表面活性剂精练时，有时由于浊点过低或水洗时骤然遇冷而凝聚，当凝聚物黏附于织物上时，也可形成白雾。

②水中氯化物含量过高，将加重白雾的形成。

③精练用水硬度偏高。

④精练用水连用过多。

⑤水洗道数少，浴比小或水洗时突然降温过多或水洗不净。

⑥精练时使用多种不同类型的表面活性剂。

（3）克服办法。

①保证精练用水质量。

②保证所用试剂特别是表面活性剂的质量。

③酌量增加表面活性剂和泡花碱的用量，保证练液具有良好的乳化、扩散能力。

④合理利用精练用水，防止练液含杂质过多。

⑤避免不同类型的表面活性剂同浴使用。

⑥及时去除浮在练液表面的泡沫、渣滓，特别是在进绸和出绸前更要注意。

⑦加强水洗，特别注意不要突然降温，要依次经高、中、低温水洗。

（4）修复办法。局部少量白雾可经过局部搓洗、高温水洗修复，遍及全匹的白雾要重新复练一次。若经过复练还不能除去，则以稀有机酸溶液（醋酸）洗涤1道，继以稀纯碱溶液中和。

灰伤和白雾常易混淆，其鉴别方法为：灰伤呈灰白色，且纤维起绒毛；白雾则似白雾状东西涂抹在织物表面，成银灰色或灰暗色的块状或斑点，纤维不起绒毛。

3. 生硬、生块、白度不足

（1）疵病形态。大面积的黄色硬块称生硬，局部的黄色硬块称生块，它们均影响织物的白度。

（2）产生原因。精练不足，脱胶不净，会在织物上留下黄色硬块。

①精练时温度过低，精练浴中温度各处不等。

②精练时间不够。

③脱胶试剂用量不足。

④圈码织物内层松、外层紧，从而使练液渗入不畅。

⑤操作不当。

（3）克服办法。

①控制合理的试剂用量、精练温度、精练时间。

②加强练液的流动。

③严格遵守操作规程。

（4）修复办法。若有生块可经过复练液再练一遍，然后水洗而得到修复。

4. 吊襻印

（1）疵病形态。在绸面的横向有似喇叭形的印，在喇叭口上方的边部有吊洞。严重的吊襻印在皱印处起绒毛。

（2）产生原因。挂练时钉襻位置不均匀，襻绳长短不一，致使绸边受力不匀，产生吊襻印。

（3）克服办法。

①挂练时钉襻位置要均匀，襻绳长度要一致，挂绸时织物松紧要一致，不能有漏挂，襻针不能有损坏或缺少，吊襻针或吊襻线应扎在织物的边上，不能扎在边内。

②除绉类真丝织物外，其他真丝产品应采用轧水打卷，减少或避免产生吊襻印。

③精练练液碱性不宜过重，时间不宜过长，操作动作不宜过剧。

5. 其他皱印

精练过程中织物受折叠变形或起皱而遗留下来的、不能自然回复的痕迹。如因S码折回处形成折皱角；因练液沸动而造成织物下沿起皱；因轧水打卷造成卷边、皱刹等。防止这些皱印的主要方法是加强操作管理。对于轻微皱印可通过重新精练，然后高温出水得到修复。

6. 其他疵病

由机械擦伤造成的破洞、破边、破裂，因梅雨季节织物练后堆放时间过长造成的霉点、霉斑，由外界环境沾污而未去净的油污、泥渍、锈渍等都属于练疵。

【过关自测题】

一、填空题

1. 蚕丝制品经练漂脱胶后，手感（　　）、（　　），具有独特的（　　）感。

2. 蚕丝制品经练漂后，白度一般要求达（　　　）以上，一般以略带（　　　）色为佳。

3. 纤维强力主要取决于纤维分子的（　　　　）和（　　　　）。

4. 纤维强力可分为（　　）强和（　　）强，干强大于湿强的纤维有（　　）（　　）等，干强小于湿强的纤维有（　　）（　　）等，干、湿强变化不大的纤维有（　　）等。

5. 纺织品织造疵病可分为（　　）疵病、（　　）疵病和其他疵病。（　　）疵病是指在经线方向上发生的疵病，将无法区分发生方向的疵病归为（　　　）。

二、简答题

1. 写出棉及棉型织物的外观质量要求。

2. 简述练漂产品内在质量指标及要求。

3. 简述影响纤维强力的因素及控制措施。

4. 写出纤维白度、毛效值的影响因素及控制措施。

三、综合题

1. 任选一练漂疵病，用因果分析图法分析其产生的主要原因，并制订相应的控制措施。

2. 收集一定时期内影响某印染企业产品质量或影响某班组考评的相关资料，应用主次因素排列图法找出主要问题，应用因果分析图法分析出主要原因，并制订相应的控制措施。

项目三　染色产品质量控制

【学习目标】

1. 熟知染色产品质量指标及要求。
2. 掌握染色产品主要质量指标的影响因素及控制措施。
3. 理解染色产品常见疵病的外观形态、产生原因和克服办法。
4. 了解染色产品质量指标检测方法和评定标准。

任务一　染色产品质量要求

【学习任务】

1. 简述色泽的三项基本特征。
2. 归纳染色产品外观质量指标及要求。
3. 归纳染色产品内在质量指标及要求。
4. 分析匀染性和透染性的异同点。
5. 归纳染色产品质量的总体要求。

对染色产品质量提出明确具体要求是对染色产品质量进行有效控制的前提。只有明确了质量标准和要求，才能正确地评价产品质量，才能对产品染整加工的各个环节提出具体的要求和措施，使染色产品质量得以保证，以满足客户的要求。染色质量指标分为外观质量指标和内在质量指标。

一、外观质量指标

染色产品外观质量指标主要包括色泽和匀染性。

（一）色泽

色泽均匀一致是对染色产品质量最主要、最基本的评价要求。在学术上和在实际生产中均把色泽归纳为色调（色相）、纯度（饱和度）、亮度（明度）三项基本特征，又称颜色的三要素。用这三要素来描述和比较色泽，准确而且方便。

色调是指某种颜色的名称，是色的最基本性能，是颜色之间的最主要差别。如红、黄、蓝、绿、紫、青等。物体的色调是由该物体选择吸收光的波长所决定的。

纯度是指颜色的鲜艳程度。它指的是彩色的纯洁性，是颜色中所含彩色和消色成分的比例。物体颜色的纯度主要取决于物体选择吸收光的波长范围的大小。

亮度又称明度，是指颜色的浓淡程度。表示有色物体表面所反射（或放射）光的强弱，反射率越大，对视神经刺激越强，颜色就越亮。物体颜色的亮度与染料对光的吸收性能、染料浓度大小、物体表面光滑程度有关。

色泽的三要素是相互联系的。色调决定了颜色的质，亮度和纯度都是量的变化，只有当亮度适中时，颜色才能体现出最好的鲜艳度。任何一种色泽只要确定了它的色调、纯度和亮度，就可以精确地判断它的颜色。倘若三要素中有一个不同，则表现出两种互不相同的色泽。

在学术上，色泽主要依照色度学原理用数字来表示，如翠蓝可表示为：

色调：$\lambda_{max} = 500$nm；纯度：30%；亮度：20%。

其中任一数值变更，色泽即起变化，这种数字表达的方法准确可靠。

在现代测色配色技术上，则依据色度学原理，用三刺激值来表示一种色泽。

在染整企业的实际生产中，色泽要求在一定的条件下（标准对色光源）与来样色泽对比，相一致，即可认为符合要求。但要求高的，要将生产样在测色仪下测定，只有其数值与客户来样一致或相近（在允许误差范围内），才能认为符合客户要求。

（二）匀染性

匀染性又称匀染度。指染色产品的各个部位颜色均匀一致的程度。它包括染色产品表面色泽的均匀一致和染色产品内外色泽的均匀一致（通常称为透染）。染色产品不仅要求色泽对样，而且要求染色产品颜色均匀一致，无色差、色渍、色花、条花、色点、深浅边等疵病，且外观均匀，色光柔和一致。

二、内在质量指标

（一）透染性

所谓透染性是指织物内外、纱线内外、纤维内外颜色均匀一致，即达到内外颜色相同、匀染、无环染等现象。

（二）染色牢度

染色牢度是指染色制品在使用或在后续加工过程中，染料（或颜料）在各种外界因素的影响下，保持原来色泽的能力（即不褪色、不变色的能力），它是衡量染色产品质量的重要指标。

加工过程中的牢度指标包括耐酸碱色牢度、耐氯漂色牢度、耐升华色牢度、耐缩绒色牢度等。有的染色制品在染后还要经过其他加工处理，如色纱织好以后，还要经过复漂，所用染料就要具有耐漂色牢度。涤纶织物染色后的定形温度高，要求染料有较高的耐升华色牢度。羊毛制品染后要进行缩绒处理，要求染料有较高的耐缩绒色牢度等。

使用过程中的牢度指标包括耐日晒、耐气候、耐皂洗、耐汗渍、耐摩擦、耐熨烫、耐烟气、耐海水色牢度等。对染色产品的染色牢度要求依染色产品的用途不同而有所不同。例如，窗帘布是用来遮挡阳光的，经常接受日晒，对染料的耐日晒色牢度要求很高，而其他牢度则是次要的。一些夏季的服装用料，则要求染色产品具有较高的耐日晒、耐汗渍和耐皂洗色牢度。婴幼儿服装及内衣要求有较高的耐皂洗色牢度。

可见对染色制品的染色牢度，不同的产品、不同的用途有不同的要求。

我国国家标准将耐日晒色牢度分为 1~8 级，8 级最高，而将耐皂洗、耐汗渍、耐摩擦等色牢度分为 1~5 级，5 级最高。

总之，染色产品的色泽必须与来样一致，色泽要匀、透，染色牢度要达标。最大限度地满足客户的要求已成为印染企业指导生产的宗旨之一。

任务二　染色产品质量影响因素及控制

【学习任务】

1. 归纳获得优质染色产品的条件

2. 分析制订染色工艺的主要依据

3. 简述染色设备应具备的条件

4. 分析色泽对样及匀染性的影响因素及控制措施

5. 分析透染性的影响因素及控制措施

6. 回顾色牢度的定义，并总结其影响因素

7. 分析皂洗牢度影响因素及控制措施

8. 回顾摩擦牢度的定义及测试方法

9. 分析摩擦牢度的影响因素及控制措施

10. 回顾日晒牢度的定义及产生原因

11. 分析日晒牢度的影响因素及控制措施

一批完全符合质量要求的染色产品是各个加工环节的完美结合。染色产品的质量受多种因素制约，有工艺（流程、配方、工艺条件）方面的因素，还有设备、染化料、操作及后勤保障等方面的影响，出现染色疵病有时还有偶然性。所以在分析引起染色制品质量问题的原因时，要多角度、全方位从各个方面进行综合分析，找出引起问题的真正原因所在，以便解决问题并避免再次发生质量问题，在总结经验的基础上，对产品质量进行控制。

一、色光对样及匀染性的影响因素及控制

（一）工艺配方的制订

配色是一项复杂、细致且又很重要的工作。工艺配方制订得是否合理，直接关系到染色质量。负责配色的打样人员除了要有丰富的实践经验外，还必须有强烈的责任心，明确客户的要求，对来样进行严格的审样，如纤维性质及含量、织物组织结构、色泽、产品风格与加工要求等，制订出合理的工艺配方，就可以大幅减少操作过程中的麻烦。制订工艺配方的主要依据有：

1. 纤维的性能及织物的组织结构和规格

各种纤维的结构不同，性质也不同；客户对染色产品的要求不同，则所采用的染料也不

同。如棉纤维适合用活性、直接、还原、硫化等染料染色，而且纤维耐碱不耐酸，而涤纶性能就与之不同，故制订涤棉混纺织物染色工艺就必须考虑两种纤维各自的性能。同一纤维织物，组织结构与规格不同，其配方也必须有所变化。

2. 色泽与被染物用途

选用某些工艺较为成熟的染料染色，可以大幅减少染色疵病，提高染色产品质量。如棉布染靛蓝色，首先选用还原染料；染黑色则选用硫化或活性染料。另外要考虑被染物的用途，如窗帘布要选用耐日晒色牢度高的染料染色。

3. 染化料的性能

配色打样人员要了解常用染料的染色性能，如匀染性、上染速率、直接性、配伍性等，掌握每种染料的染色性能可减少拼色时染料的竞染现象，避免色差，提高染色重现性；同时对染色操作提出合理的要求和注意事项。

4. 染整加工的方法、设备的性能及产品的适应性

所选用设备的加工方式不同，浴比大小不同，加工时对织物的张力作用也不同。工艺配方的制订要综合考虑织物的染色质量要求、设备的加工成本、适应性及加工产品质量的稳定性等，选用合适的设备。

5. 染整加工的质量要求及成本要求

企业总是追求以最小的投入获取最大的收益，选用不同的染料加工其成本相差甚远。所以在选用染料制订工艺时，在满足客户对染色产品质量要求的前提下，应尽可能选用价格低廉的染化料。如棉布用活性染料、直接染料、还原染料染色，其成本相差很大。

（二）工艺条件

工艺条件是影响染色产品色光和匀染性的重要因素，如温度、时间、pH 等，每一个条件都直接影响到产品的质量。

1. 温度

温度的高低，关系到纤维的膨化程度，关系到染料的性能（溶解性、分散性、上染速率、上染率、色光等），关系到助剂性能的发挥。染色温度的控制关键在以下几个因素：入染温度、升温速率及染后的自然降温。同种纤维可能入染温度不同，如普通涤纶和超细涤纶，超细涤纶因比表面积大，对染料的吸附速率大大加快，较易产生疵病，入染温度要比普通涤纶低；又如阳离子染料染腈纶，因阳离子染料的吸附速率快且移染性较差，对温度敏感，升温速率必须严格控制，升温太快，极易造成染花。对低温型染料来说，染后的自然降温有利于提高染料的上染率。总之，每种纤维制品，每种染料都有自己最适宜的染色温度，入染温度或升温速率控制不当，都会严重影响染色制品的色光及匀染性。

2. 时间

染色时间的确定与染料在纤维上的扩散、结合有关，染色必须有足够的时间，让染料充分上染、扩散、固着，达到上染平衡，得到应有的色泽和良好的透染。染料的结构不同，纤维的膨化程度不同，染料的扩散速率不同，染色时间则不同。如同是蛋白质纤维，因羊毛的鳞片层结构限制了纤维的膨化速率，羊毛染色保温的时间要比真丝长。时间过短，往往染料未完全上染，染色透染性差，染色牢度差，得不到应有色泽。色不符样必须修色重染，因而会浪费染料，延长染色时间。另外，万一有染花现象，也没有足够的时间来让纤维上的染料"移染"，以达到染色均匀的目的。当然染色时间的确定要适当，时间过长，有时反而会使织物随温度及化学药品作用时间过长而发生风格变化，使手感发硬。

3. pH

pH 也是影响染色色泽与匀染性的重要因素。同一种染料染同一种纤维，当 pH 发生变化时，色光就会发生变化，而且会影响到匀染性。例如，用酸性藏青 GGR 染色，pH 不宜大于 3，否则色光就会明显带红光；羊毛用酸性染料染色，pH 越低，羊毛带正电荷越多，使负电性的染料上染速度加快，染花的可能性就会增加。pH 还会影响染料的反应性和水解性能，如活性染料的水解性与反应性都与 pH 有关。pH 也影响纤维的性质以及助剂的性能，例如，碱性条件下加工会使蛋白质纤维的手感粗硬；又如，一般分散染料染涤纶是在弱酸性条件下进行的，若在碱性条件下，不仅使涤纶的强度降低，而且使分散染料的色泽发生变化，最终影响到染色色泽和匀染性。

（三）设备选择

因织物的组织结构不同，对产品的风格要求不同，在染色加工时为保证染色产品质量，要根据不同的纤维、不同的织物组织选用不同的染色设备。随着机械制造水平的提高及电子技术的不断发展，染色机械的自动化控制水平日渐提高，染色机械品种、规格日臻完善，但因设备造成的质量问题还是不能完全避免。

设备运行的稳定性制约着染色色光的稳定性。如车速、烘燥条件、升降温速度、压力控制等。设备工艺控制稳定，就能从设备上保证染色色光稳定，提高重现性。

设备因素对匀染性比较重要。为保证匀染性，对设备就提出了以下要求：

（1）工艺适应性要强。要能满足匀染性对设备温度、压力、速度、处理时间等工艺参数以及对染化料等化学介质变化调整的要求，使染整设备与新工艺、新技术相适应，保证染色织物的匀染性以及其他质量要求。

（2）自动化程度要高。对主要工艺参数尽可能自动检测、自动调节，达到精确智能控制，减少人为原因造成的匀染疵病，满足对工艺重现性的要求，保证质量的稳定。

（3）一机多用，适应多品种的加工要求。印染厂的设备总是有限的，而染整产品是随着市场需求变化的，所以要增强设备的适应性，要在减少设备投资的前提下，保证设备能满足不同品种织物染整的匀染性和其他质量要求。

（4）织物在设备中以低张力或松式运行。张力是影响匀染性的因素之一，张力大或张力不匀极易造成匀染质量问题，所以要求在设备操作运行中尽可能在松式下进行或在低张力、均匀张力下运行。

总之，染色产品的色光对样与匀染性除涉及所制订的工艺与操作外，还与染整设备密切相关。选择的染整设备必须满足染整工艺要求，能适应多品种染色的要求，能加工高品质产品，设备要安全、耐用、经济、高速、高效、连续化、自动化、低能耗，能防止公害。一句话，设备必须保证染整产品质量。

二、透染性的影响因素及控制

染料在纤维内外、纱线内外及织物内外的均匀分布习惯上称为透染。染料的透染性虽然通常不易观察到，但它对产品质量有很大的影响。若透染性不好，会造成"环染"或"白芯"，使产品的耐摩擦色牢度和耐皂洗色牢度下降。影响透染性的因素比较多，主要是染料自身的性能、助剂、温度、时间等因素。

（一）染料的影响

透染性与染料的扩散性能密切相关，它是影响透染性的最重要因素。染料在纤维内部的扩散一方面受到纤维分子引力的作用，另一方面受到纤维内部空间阻力的影响，所以染料的扩散在染色的整个过程中是最慢的阶段。若染料分子结构简单，体积小，染料对纤维的亲和力较小，染料的扩散速率就会大大提高，透染性好，如活性染料对纤维素纤维的染色；反之，体积大，对纤维的亲和力大的染料扩散速率则慢，透染性差，就容易造成染料在纤维内外分配不匀，以致造成环染现象，如还原染料的隐色体对纤维素纤维的上染。

（二）助剂的影响

助剂对染色的透染性也有影响。加入对染料扩散有帮助的助剂，如渗透剂、助溶剂、扩散剂、纤维膨化剂等，有利于染料透染纤维。但若加入的助剂使染料凝聚，如直接染料染色时加入大量的中性盐，致使染料凝聚，就会减慢染料的扩散，影响透染的效果，甚至会造成严重的环染现象，还会导致匀染性降低。

（三）温度的影响

温度提高，有利于纤维的膨化和合成纤维分子的热运动，有利于染料向纤维内部的扩散，这对提高扩散性能差的染料的透染性是很有帮助的。但是如果始染温度太高，染色时染料初染速率加快，会给匀染性和透染性带来负面影响；染色温度太高，会使染料快速染着纤维表面，阻碍染料进一步向内渗透，也会造成透染差的问题。所以，一般在染色时对温度的控制原则是适当降低始染温度，以保证染料的均匀吸附，提高保温温度，以促进染料的扩散。总之，温度要根据染料和被染物的性能来确定。

（四）时间的影响

延长染色时间，使染料从纤维表面向纤维内部充分扩散，有利于提高透染性。同时对染色初期的上染不匀，能够通过染料的充分移染来弥补。但延长染色时间，生产效率降低，经济性较差，一般只作为匀染和透染的辅助手段。而且，并不是所有的染料都能通过移染方法获得匀染和透染。在染料分子结构复杂、染料与纤维之间形成了较强的结合力等情况下，如活性染料与纤维发生固着反应后，染料的移染性能大大降低，此时，再延长时间，对改善匀染和透染性都不会有显著效果。

此外，染色时的搅拌、织物与染液的相对运动及纤维自身的吸湿膨化性能，也会不同程度地影响透染性。总之，凡是影响染料扩散速率的因素都会影响纤维、织物的透染效果。

三、色牢度的影响因素及控制

影响染色制品色牢度的因素很多，但主要取决于染料的化学结构、染料在纤维上的物理状态（包括染料的分散程度、与纤维的结合情况）、染料浓度、染色方法和工艺条件。纤维的性质对染色牢度也有很大的影响，同一染料在不同纤维上往往有不同的色牢度，如靛蓝在棉纤维上的耐日晒色牢度并不高，而在羊毛上却很高。

（一）耐皂洗色牢度的影响因素及控制

耐皂洗色牢度是指染色制品在规定条件下，在肥皂液中洗后褪色的程度，它包括原样褪色及白布沾色两项。原样褪色是指印染织物在皂洗前后褪色的情况；白布沾色是将白布与染色织物以一定方式缝叠在一起，经皂洗后，因染色织物褪色使白布沾色的情况。染色制品的皂洗褪色，是织物上的染料在肥皂液中经外力和洗涤剂的作用，破坏了染料与纤维的结合，使染料从织物上脱落溶解到洗涤液中而褪色。

（1）耐皂洗色牢度与染料的溶解性有关。含亲水基团多、水溶性好的染料耐皂洗色牢度低；反之，不溶性染料的耐皂洗色牢度高。如酸性染料、直接染料由于含较多的水溶性基团，耐皂洗色牢度较低，而还原、硫化、分散等不溶性染料，耐皂洗色牢度较高。

（2）耐皂洗色牢度与染料和纤维的结合情况有关。如酸性媒染染料和直接铜盐染料，由于染料和金属螯合，染料的水溶性降低，染料与纤维间的结合力增大，耐皂洗色牢度因而提高。而活性染料和纤维素纤维可发生共价键结合，因此耐皂洗色牢度较好。

（3）同一染料在不同纤维上的耐皂洗色牢度不同。如分散染料在涤纶上的耐皂洗色牢度比在锦纶上高，这是因为涤纶的结构比锦纶紧密，疏水性较强的缘故。

（4）耐皂洗色牢度还与染色工艺有密切关系。染料扩散不充分，大部分浮着于纤维表面，易从纤维上脱落，耐皂洗色牢度就差；染后洗不净，浮色有残余，也会导致耐皂洗色牢度下降；皂洗液的温度、pH 以及搅拌情况都对耐皂洗色牢度有影响；染色时染料浓度对耐皂洗色牢度一般影响较小，但染料浓度高，染料和纤维的结合超饱和，受外力作用染料容易脱落，这也影响耐皂洗色牢度。

为提高耐皂洗色牢度，对不同的纤维，要根据耐皂洗色牢度要求，选择不同的染料，制订合理的染色工艺，严格按工艺操作，使染料与纤维充分结合，染后充分洗涤，彻底洗净浮色，必要时可加入适当的固色剂固色，以提高耐皂洗色牢度。

（二）耐摩擦色牢度的影响因素及控制

染色制品的耐摩擦色牢度分为耐干摩擦色牢度和耐湿摩擦色牢度两种。前者是用干的白布摩擦染色制品，观察白布的沾色情况；后者是用含水 100% 的白布摩擦染色制品，观察白布沾色情况。织物的摩擦褪色是在摩擦力的作用下使染料脱落而引起的，湿摩擦除了外力作用外，还有水的作用，因此耐湿摩擦色牢度一般比耐干摩擦色牢度约降低一级。

织物的耐摩擦色牢度决定于浮色的多少以及染料分子量的大小、染料与纤维的结合情况、染料渗透的均匀度、染料在织物表面的粒子情况等。如活性染料，染料与纤维是以共价键充分结合的，其耐摩擦色牢度高；而不溶性偶氮染料、还原染料，机械地附着在纤维上，其耐摩擦色牢度低，如浮色去除不净，耐摩擦色牢度就更低；染料分子大（如硫化黑），染色后染料在纤维表面易形成大颗粒染料浮色，加上染料浓度一般偏大，使耐摩擦色牢度降低；特别是大多数染料与纤维的结合力在水分存在下更容易被破坏，故耐湿摩擦色牢度比耐干摩擦色牢度要低一些。

为保证耐摩擦色牢度，必须选择适合的染料，制订合理的工艺，以保证染料充分渗入纤维内部，染后浮色要充分洗净。必要时可加平滑固色交联剂，使染料与纤维结合更牢固，减少织物表面的摩擦力，同时使纤维表面形成一个包覆染料的柔软薄膜，使其在摩擦时染料不易脱落，提高耐摩擦色牢度。

（三）耐日晒色牢度的影响因素及控制

染色制品经日晒后的褪色、变色是一个比较复杂的过程。在日光作用下，染料吸收光能，分子处于激化状态，它是不稳定的，必须将能量以不同的形式释放出去，才能变成稳定态。其中一种形式就是染料接受光能后直接分解，染料发色体系遭破坏，因而有的染料分子在光作用下经氧化或还原而褪色。例如，偶氮染料在纤维素纤维上的褪色是氧化过程，而在蛋白质纤维上的褪色则是还原作用的结果。

（1）同一染料在不同纤维上的耐日晒色牢度有很大差异。例如，分散染料在聚丙烯腈、聚酯纤维上的耐日晒色牢度比在醋酯纤维上高，其他染料也类似。染料以同一浓度分别在棉和粘胶纤维上的耐日晒色牢度不同，在黏胶纤维上的耐日晒色牢度比在棉上高。还原染料在纤维素纤维上耐日晒色牢度很好，但在聚酰胺纤维上却很差。这是因为染料在不同纤维上所处的物理状态以及和纤维的结合牢度不同的缘故。

（2）染料的耐日晒色牢度又与它的分子结构有关。例如，还原染料中靛系类染料耐日晒色牢度相对较差，而蒽醌类染料耐日晒色牢度大多优良；其他染料中，蒽醌、酞菁、金属络合结构的染料耐日晒色牢度一般较高，例如，直接耐晒染料分子中含有金属原子，其耐日晒色牢度要比普通直接染料高。又如，染料分子结构中含有较多的氨基、羟基等基团，将促使染料吸收光能而氧化褪色，其耐日晒色牢度低；而引入硝基、卤素等基团后却不易褪色，使耐日晒色牢度提高。

（3）耐日晒色牢度还随染色浓度变化而变化。同一染料在同一种纤维上，染色浓度低的耐日晒色牢度一般比浓度高的差，这是因为同样强度的入射光，当染色浓度低时，分布到每个染料分子的能量多，染料接收高强度的光能更易氧化或还原褪色。

（4）不同耐日晒色牢度的染料拼色时，有时会使耐日晒色牢度相互影响，有的使耐日晒色牢度降低，而有的使耐日晒色牢度提高。

（5）有的助剂加到染色织物上，会影响染色制品的耐日晒色牢度。例如，有的固色剂会使染色制品易吸收光能而褪色，降低耐日晒色牢度；而紫外光屏蔽剂，使染色制品不易吸收光能，能提高耐日晒色牢度。

（6）耐日晒色牢度还与纤维与染料的键合状态有关。如活性染料，与纤维共价结合，对日光稳定，耐日晒色牢度高；而纤维上含有较多的水解染料时，耐日晒色牢度就低。

（7）透染性好的染料，其耐日晒色牢度好。

要保证染色制品有好的耐日晒色牢度，关键是从结构上对染料进行选择，然后制订合理的染色工艺去染特定纤维织物。在染色后的后整理中，所加的助剂也要进行选择，以保证助剂不会显著降低染料的耐日晒色牢度。

（四）其他牢度

耐汗渍色牢度、耐氯漂色牢度、耐升华色牢度的高低主要取决于染料本身的结构。例如，活性染料中，有的染料与纤维的结合键在酸性条件下易断裂，则耐汗渍色牢度差；以吡唑酮为母体的活性染料，耐氯漂色牢度较差，酞菁结构的则较好；溴氨酸结构的活性染料易产生烟气褪色；与纤维结合力大的分散染料，则耐升华色牢度高。

色牢度还与染料和纤维的结构状况、颜色的浓度、染料在纤维上的物理状态、染色工艺、纤维性能等因素密切相关。

任务三　染色产品常见疵病分析

【学习任务】

熟悉染色产品常见疵病形态、产生原因及克服办法。

染色疵病种类繁多，一般分为外观疵病和内在疵病。外观染色疵病主要有色泽不符标样、色点、色差、色花、色柳、色档、皱印、纬斜、极光、污渍、风印等；内在染色疵病主要有色牢度不符合要求、缩水变形、脆损等。染色疵病的产生与多种因素有关，如坯布质量、前处理质量、染料助剂的选择和使用、染色设备、染色工艺、染色操作以及后处理操作等。现就常见的染色疵病的形态、产生原因和克服办法做一些探讨。

一、外观疵病

（一）色差

1. 疵病形态

染色制品所呈现的色泽深浅不一，色光不同，称为色差。色差是染色制品最常见的疵病之一，并且色差疵病的种类繁多，常见的色差情况有：

（1）匹与匹间色差。同批同色号的产品中，颜色色光应完全相同，但因种种原因常出现一个色号的产品箱与箱之间、包与包之间或匹与匹之间出现色差。间歇式染色设备生产的两车染色产品之间存在的整车产品之间的色光差异，企业中称缸差。

（2）同匹内色差。同匹产品中的左中右、前后、正反面存在色差。如深浅头、边深浅、左右深浅、不规则色花等。

色差是印染产品中出现最频繁的质量问题之一，控制不严会给企业带来严重的经济损失。

2. 产生原因

（1）染色坯布质量问题。坯布原材料不匀，或坯布局部受到不同程度的擦伤、坯布染前的前处理去杂不匀、织物吸水性不匀、烘干程度不匀等会使织物染色时吸收染液不均匀，从而造成各种色差。染色坯布前处理的白度不匀、布面 pH 不匀也会使染料的色光变化不同，造成色差。

（2）染化料性能问题。染化料选择不合理，如拼色时，选择的几种染料对温度、助剂等染色工艺条件的敏感程度有较不同、染料的上染速率差异较大等，染料性能的差异在平幅染色时容易产生边深浅或头深浅，在间歇式染色时容易引起缸差。

（3）料液问题。染色时染料、助剂化料不均匀，加料方式不当会引起多种色差，如左右料液不匀会造成左右色差，料液浓度不稳定会造成前后色差等。

（4）染色设备问题。由于设备的性能不符合要求或设备保养不当、使用不当也会造成多种情况的色差。

平幅染色设备如果保温性能不好，使得织物染色时左右温度不一，就会产生边深浅等疵病。卷染机不加罩或保温性能不好会造成边深浅；轧染时预烘、培烘、汽蒸等环节设备造成的前后、左右温度不同，会引起前后、左右色差。

轧染时压辊质量不高产生老化或操作不当等原因使得对织物产生的压力不均匀，造成织物含液量不一，会产生左右色差。

（5）染色操作原因。染色操作工操作不当，使得染色工艺条件不稳定而造成各种色差。

间歇式染色时，由于操作工人不认真、不细致，出现两车间加料有差异，升温速度有差异、染色过程温度控制有差异、染色时间有差异、水洗固色时间有差异等，这些条件的差异会造成两车染色品之间的色差，这是产生缸差最主要的原因。

卷染时上布不齐造成的边深浅也是工人操作的问题。

连续式染色时工人对工艺条件控制不严、不稳定也会产生前后、左右色差。下货前对色不准、把关不严是产生缸差的重要原因之一。

（6）染后处理问题。染后水洗、皂洗、固色等操作效果不均匀也会造成各种色差。

（7）后整理问题。织物进行热定形时，开车预热时间太短、温度不稳定也会造成色差。织物进行树脂整理时，整理效果的不匀或热加工的温度不匀、不稳也会产生色差。

3. 克服办法

（1）染色坯布准备。染色坯布的质量虽然对避免色差非常重要，然而在染色前因不易发现其质量差异却常常被忽视，这是造成大批色差疵布的重要原因，因此要重视染色织物的坯布检验和前处理管理工作，保证染色坯布纤维材料均匀、无损伤，保证染色坯布前处理在杂质去除、吸水性、色光、pH、干燥程度等方面均匀一致。

（2）染化料选择。拼色时要选择配伍性一致的染料，即选择亲和力、移染性、上染速率、上染温度、上染曲线相近的染料进行拼色。另外，尽量选择对温度敏感性差的染化助剂。

浸染选用上染快、匀染性差的染料时，要选用合适的匀染助剂，以降低始染速度，避免产生前后色差。选用亲和力小的染料轧染时，要采用适当的防泳移剂，以防在烘干前染料泳移造成色差。

（3）化料加料。在卷染、轧染时不仅染化料要化匀，而且向车中倒料的方式要恰当，比如分批加料、左右同时加料，及时搅拌均匀等。不仅要注意染色时染料助剂的化料加料，其他如前处理等工序的化料加料也应注意。

（4）染色设备和操作。染色机的绷布架弧度适中，轧辊的压力均匀，应保证布面各部位的含液量相同。

卷染时，上布布边要整齐，要盖罩染色，加热染液的蒸汽出口的大小、方向要调节好，尽量保证染浴中布面各部位温度一致。

轧染时，染色的坯布干湿程度要一致，预烘温度要及时、均匀一致。染色半成品要避免长时间与空气接触。

间歇式染色时，如卷染机染色、绳状染色机染色，各缸之间要严格控制染化料、蒸汽、设备、工艺条件等完全一致。

间歇式生产中，对色要认真，对色光源要稳定，对色条件要一致，以免造成缸差。

连续式生产中，如轧染，同一色泽、同一品种织物的染色，要尽量避免停车、换班和工艺条件的波动，以免造成大批量的前后色差。

（5）染后处理。要重视染色后的处理，染后水洗、皂洗等处理要彻底、均匀。

（6）烘干、预定形或定形前，应空车运转一定时间，使针、布铗温度与定形温度接近后方可生产。

4. 鉴别色差应注意的问题

（1）方向相同。即两处或两块织物应经向与经向，或纬向与纬向平行比较其色泽差异程度。

（2）折叠的层数相同。即两处或两块绸应都是单层或多层进行比较。

（3）对色光源和环境要稳定、一致。

（二）色花

1. 疵病形态

颜色色泽均一是染色产品的基本质量要求，由于种种原因，染色制品常出现不同情况的色泽不匀现象，称为色花疵病。从广义上讲，染色制品上出现的各种色泽不匀的现象都应该叫色花。色花有多种情况，如前所述的边深浅色差以及后面提到的色柳、色档、色渍、色点、头深浅，都应该是色花的一种。本书根据它们的形态规律、特定的产生原因以及染厂的常规叫法分类讲述。此处所指色花则指一些形态不规则的色泽不匀疵病。

2. 产生原因

造成色花的原因很多，比较常见的有以下几个方面。

（1）染色半制品前处理不均匀，比如杂质去除不匀、吸水润湿和上染性能不匀、布面pH 值不匀、织物干燥程度不匀等都会造成染色时吸色不匀而产生色花；染色坯布的润湿吸水性能低下，造成织物被染液润湿和染料吸附扩散上染困难，从而容易引起此类色花。

（2）使用扩散性、匀染性较差的染料，加之染色时措施采取不当是产生此类色花的主要原因之一。

（3）染色时染液或助剂加入过快，且未及时搅匀，容易造成此类色花。

（4）绳状、溢流染色时，浴比过小，染液循环不畅或过慢，织物状态变化太慢，升温速度过快，都会造成不定形态的色花。

（5）轧染时由于轧辊的不平或轧辊上黏附固体杂质，使得轧液率不匀，会造成间距规律的色花；由于压力不够，轧液率偏高，使得染料泳移会形成不规则色花。

3. 克服方法

（1）加强织物前处理，提高染色半制品的润湿、渗透性能，并做到染色坯布各方面性能状态均匀一致。

（2）尽量选匀染性、移染性、扩散性能好的染料，必要时加入匀染性助剂，根据染料匀染性的好坏合理地使用匀染剂。

（3）化料要匀，加料要适当地慢并及时搅匀。

（4）绳状、溢流染色时，合理控制浴比，保证合适的染液循环速度和织物状态变化速度，严格控制升温速度。

（5）轧染时保证轧辊的弹性均匀、表面无固体杂质，合理控制轧液率。

（6）制订合理的染色工艺，并严格按工艺执行。

（7）加强设备的维修和保养，保证设备完好。

（三）色柳

1. 疵病形态

染色织物经向呈现直条形的色泽不匀称色柳或条花，也有的叫经花。色柳也是色花的一种。

2. 产生原因

（1）坯布因素。染色用坯布的纤维类别、织物组织的均匀程度以及纺纱、织造设计与生产过程中所形成的经向缺陷，以及坯布前处理时产生的经向疵病都会引起染色色柳疵病的产生。

①坯布经向纱线纤维组成的不匀或不同，特别是混纺织物，会直接造成染色色柳疵病。

②坯布经向密度不匀或过小，也会造成染色色柳疵病。

③坯布前处理造成的经向疵病，如去杂、水洗、干燥的经向不均匀，烧毛效果经向不匀，丝光效果的经向不匀等都会引起色柳的产生。

（2）缝头不当。缝头不当是产生色柳疵病的常见原因，如缝头不平整引起折皱或针脚过于稀疏都容易产生染色色柳疵病。

（3）设备因素。平幅染色机的扩幅辊扩幅效果不理想使得织物存在经向折皱，染色时会引起色柳疵病；染色机导布辊或轧辊的不平整也会产生色柳疵病。卷染机直接进汽管细孔面向织物或间接蒸汽管漏气而向织物喷气也会造成宽条形色柳。

（4）卷染上布不平、不齐也会引起色柳或色花疵病的产生。

（5）染料的泳移。染料泳移是造成织物色柳的又一个主要因素，特别是轧染时容易出现。轧染时轧液率过大，染料自然发生泳移产生色柳或色花；在轧液后预烘干过急也会引起染料泳移产生色柳或色花。

3. 克服办法

（1）重视坯布的质量检验和前处理。对染色用坯布的纤维类别、织物组织的均匀程度以及纺纱、织造设计与生产过程中所形成的经向缺陷，以及坯布前处理时产生的经向疵病，都要认真检验，严格把关。

加强坯布的前处理，避免坯布产生经向疵病是避免产生色柳的重要措施。比如，烧毛效果要均匀，退浆要匀净，煮练效果要匀透，织物各部位吸水性良好且均匀，预定形后染色时避免预定形织物由于张力、温度等因素产生定形效果的不匀，丝光效果要均匀，等等。

（2）织物缝头紧度要一致，做到平、牢、坚、直，缝线密度要合适、均匀，特别要避免缝头处织物不平整存在折皱。

（3）加强设备检查。如平幅染色机的导布辊的平整度、扩幅辊扩幅效果、蒸汽导管的进汽口朝向等，如有问题要及时解决。

（4）卷染机染色时上布一定要平整、边要齐。

（5）轧染时合理控制轧液率，选择正确的预烘干方式和烘干速度，避免染料泳移。

（四）色档

1. 疵病形态

染色织物纬向呈现直条形的色泽不匀称色档，也称横档印。色档也是色花的一种。

2. 产生原因

（1）坯布因素。染色用坯布的纤维类别、织物组织的均匀程度以及纺纱、织造设计与生产过程中所形成的纬向缺陷以及坯布前处理时产生的纬向疵病都会引起染色色档疵病的产生。

①坯布纬向纱线纤维组成的不匀或不同，特别是混纺织物，会直接造成染色色档疵病。

②坯布纬纱密度不匀，或纬密过小也会造成染色横档印疵病。

③坯布前处理造成的纬向疵病，如去杂、水洗、干燥的纬向不匀，丝光效果的纬向不匀等都会引起色档的产生。

④坯布在染前任何环节以折码形式存放过久都会引起染色横档印的产生。比如，前处理之前坯布存放过久，折皱处织物组织结构、纤维结构等发生变化，会引起前处理纬向不匀的效果，导致色档的产生。前处理过程中或前处理之后织物折码存放过久也会引起折皱处织物组织结构、纤维结构等发生变化，或织物表面 pH 等性能发生变化，这些都会使得织物产生横向染色性能变化从而导致色档的产生。

（2）缝头因素。缝头不平整、不整齐、接头过长，缝头方法不当，都会引起染色横档印的产生。

（3）平幅染色机导布辊或轧辊的纬向不平整会产生色档疵病。

（4）卷染机染色上布不平、过松、卷布辊转速过慢也会引起色档疵病的产生。卷染染色，水洗固色不彻底，并且搁置时间过长会产生深色色档。

（5）轧卷堆置染色时轧液率过大，织物带液过多，布卷转动较慢，使织物所带染液积聚于布卷下端，会造成深色横档印。

（6）在染色加工过程中的停车，容易产生大量的色档疵病。

3. 克服办法

（1）重视坯布的质量检验和前处理。对染色用坯布的纤维类别、织物组织的均匀程度以及纺纱、织造设计与生产过程中所形成的纬向缺陷，以及坯布前处理时产生的纬向疵病都要认真检验，严格把关。

加强坯布的前处理，避免坯布产生纬向疵病是减少色档的重要措施之一。比如，做到退浆匀净，煮练匀透，织物各部位吸水性均匀，预定形后染色时避免预定形织物由于张力、温度等因素产生定形效果的不匀，丝光效果要均匀，等等。

坯布、半成品布染前不可折码存放时间过长，以免外露折码处受外界影响而发生某些变化产生色档。特别是湿态半成品，例如，丝光后的织物不但去碱要净，而且要及时烘干，以避免折叠处风干造成横档印。

（2）采用平接式缝头，缝线张力要一致，接头要做到平、直，避免织物不平整，存在叠层折皱。

（3）加强设备检查，特别是平幅染色机的导布辊、轧辊的平整度，如有问题及时调整。

（4）卷染上布前应调节好张力，使布卷紧实，避免产生折皱，并且挤压出缝头处多带的染液。

（5）卷染机染色时，转速不可过慢，染后水洗要净，要及时烘干，不可放置时间过长。

（6）轧卷堆置染色时，轧液率要适当，不可过大，布卷转动速度不可过小，避免织物所带染液积聚于布卷下端，造成深色横档印。

（7）在染色加工过程中，避免停车，防止因停车产生大量的色档疵病。

（五）色点、色渍

1. 疵病形态

染色织物上呈现的色泽与所染颜色有明显差别的点块称作色点或色渍。小的称色点，大的称色渍。该类疵病在染中、浅色时容易发生，并且该类疵病修复困难，所以对染色产品的质量影响甚大，必须特别重视。

2. 产生原因

（1）染液中染料因种种原因溶解不彻底或发生聚集，是产生色点或色渍的主要原因。染料未完全溶解就投入染缸染色，未溶解的或未分散均匀的染料颗粒黏附于织物上就会形成色点，染料溶解不彻底的原因有：

①染料的颗粒偏大或某些染料溶解性能差。

②水质不好，溶解染化料时所用水的硬度过大或含有其他杂质，影响染化料的溶解。

③化料时所用助剂不当，影响染料的溶解。如用盐或匀染剂过多使染料溶解度降低，难溶染料或高浓度染液所用助溶剂量不够。

④化料方法不当、用水过少、温度不合适也会造成染料溶解不好产生色点。

⑤染料溶解后重新聚集，染料聚集体黏附在织物上形成色点或色渍。引起染料形成聚集体的原因有：

a. 所用助剂如分散剂、渗透剂等助剂的发泡作用，会引起染料的聚集。无机盐的浓度过大也会降低染料的溶解度或染料悬浊体的稳定性，从而引起染料聚集。

b. 染液中进入杂质如纤维绒毛、灰尘等也可能引起染料的聚集。

（2）坯布前处理因素。短纤维织物不经烧毛或烧毛不净，使得绒毛过多脱落于溶液中，绒毛聚集后过多吸附染料，然后黏附于织物上容易产生色渍。

合成短纤维织物烧毛温度不够时，绒毛仅熔融，染色时会吸色多而产生色点。如果烧毛过度还会发生熔珠四溅，溅落在织物上的熔珠也会引起染白点。

有时织物上因前处理不彻底或前处理后水洗不彻底，而遗留的杂质在染色中脱落于染液中，引起染料的聚集也会产生色点或色渍。

（3）染色整理设备因素。先染深色产品，接着染浅色产品时，如果清洁工作没有做好，残留在染色设备（如染槽或管道）中的染料、色淀颗粒黏附到染色织物上，就会造成色点或色渍。黏附在烘干机烘筒上的带色纤维绒毛，烘浅色织物时也会传色，产生色点或色渍。

（4）生产环境因素。例如，染料称料间与生产车间或助剂车间隔离不好，染料粉尘飞落在织物上或助剂中，极易产生色点。车间中的灰尘等杂质落在染液中或织物上，都会造成色点或色渍。相邻染色机间染液飞溅到织物上，也会产生色点或色渍。

3. 克服办法

（1）重视化料工作，保证染料充分溶解后再倒入染缸染色。

①尽量选用溶解性好的染料，增加染料研磨次数，保证染料颗粒度匀细。

②溶解染料要用软水。

③对难溶解的染料要合理选用分散剂、增溶剂的种类和用量，保证增溶效果，防止染料凝聚。

④正确选用化料方法，严格控制化料条件和操作程序，保证染料充分溶解或分散。

难溶染料先加少量润湿剂调成浆状再加水溶解，要根据染料的特点和种类选择好染料的溶解温度，分散染料化料水温要在50℃以下，以防止染料发生聚集。

多只染料拼色时，染料溶解性差别大时最好分别溶解。

料液，特别是不易溶解的染料溶液，应该用较细的筛网过滤后再倒入染缸。

（2）合理选用染色助剂的种类和用量，避免助剂引起染料聚集。

（3）重视坯布的前处理工作，特别是短纤维织物的烧毛和前处理后的水洗，要保证烧毛效果，保证水洗干净。

（4）认真做好化料器具、染色设备、整理设备的清洁工作，搞好车间清洁卫生。特别是由深色换染浅色时，更要认真做好染缸、管道等的清洗工作。

（5）染料存放和称量间要与助剂和生产车间绝对隔离，防止染料粉尘飞到助剂或织物上。要加强工器具（即盛具）管理。凡是染料桶、化料桶等盛具用前要认真清洗干净，洗涤不净不得盛放其他染料助剂。

（6）各类设备间注意间隔距离，避免相互影响。

（六）头深浅

1. 疵病形态

染色织物两头色深或色浅，卷染机染色时常出现此类疵病。

2. 产生原因

头深浅疵病主要产生在卷染机染色生产的织物上，它应该算色差疵病的一种。产生原因主要有如下几个方面。

（1）头子布问题。卷染染色时头子布太短，容易造成头深疵病。如果使用较深色泽的头子布，会因传色产生头深疵病。

（2）染液一次加入使得染液浓度过高，一次加促染剂过多，始染温度过高，使得开始染色时染料上染速率过快，再加之染料与纤维亲和力大，就容易造成始染布端色深、终染布端色浅的疵病。

（3）卷染机不能自动调速，使得线速度不恒定，主动辊上的织物少时，速度慢，造成织物接触染液的时间变化较大，容易造成始染布头色深、终染布头色浅的疵病。

（4）半制品在前处理中已存在布头疵病，如卷染机煮练因类似上述原因，使得布头效果与里面不同，染色时势必要造成头深浅疵病。

3. 克服办法

（1）加强对接头布的管理，合理选择接头布。接头布应该与染色织物纤维类别不同，要避免脱掉色，要有足够的长度，要避免深色的头子布用于染浅色布。

（2）通过合理选择染料、促染助剂的种类，合理控制初染浓度和一次加促染剂的浓度，适当降低始染温度，必要时可采用缓染剂，避免染料上染速率过快，特别是始染速率过快。

（3）选用能自动调节转速的染色机，控制合理的织物运行速度。

（4）提高操作工人的操作技术，加强互相协作精神，尽量提高穿头上布速度、调头速度、出布速度。

（5）加强坯布处理，保证染前半制品质量。

（七）色泽不符样

1. 疵病形态

染色生产要按客户来样或指定色泽生产，如果染色品的色泽与客户指定的色泽误差偏大，超出允许色差范围，造成客户不认可，这也算是染色疵病的一种。它与前述色差疵病是有区别的：色差疵病是指同一批次染色产品的色泽不同，无需对照客户来样或标样就可确认，而色泽是否符样则必须对照染色标样才可确认，即使染色制品无色差、色花疵病，也会产生色泽不符样的问题。

色泽不符样的情况有：

（1）不符同类布样。与客户提供的纤维、组织均相同的色样色泽不符。

（2）不符参考样。与客户提供的原料不同或织物组织不同的色样色泽不符。

（3）不符数字样。与客户提供的测配色系统的数字样色泽数字不符。

2. 产生原因

（1）对色不准。制订染色工艺时的小样，生产中的大样都要与来样对色，如果对色不准，就会产生色泽与来样不符的问题。

①光源不统一、不稳定是对色不准的主要原因。在不同光源下人们所看到物体的色泽效

果是不同的。来样和染色小样以及生产大样在不同的光源下对色是产生色泽不符的最常见原因。例如，一些小厂仍然在自然光下对色，因天气、位置、时间等原因造成自然光的变化使得对色不准。在不同的光源下对色，造成的偏差会更大。例如，同一色泽，夜班生产在普通荧光灯下对色，白班生产在自然光下对色，两者会产生很大的差别。即使在标准光源下对色，如果不用同一个标准光源对色，也会产生色泽不符的问题。

②对色人员色彩的感觉不同也会造成人为的对色不准。

③对色操作和条件不规范，如对色布样的组成纤维、织物组织、折叠层数、放置方向、环境色光的不同也会造成对色不准。

（2）染色配方工艺不合理。染色配方工艺是经过染色打小样来制订的染色用染料、助剂配方和工艺条件。染色配方工艺的不合理，肯定会造成色泽与要求不符。配方工艺不合理的产生原因有：

①由于染出的小样和来样对色不准会导致配方有误，会使得染色产品的色泽与小样相符，但与来样不符。

②有时即使对色无误，配方中选用的染料和来样所用染料的吸光曲线有较大差别时，所拼得的颜色在一般光源下比较差别不大，但在数字对色时也可能产生较大的数字差别。

③由于染小样与实际染色生产条件的差别，使得同样的染化料配方打小样与大生产染得的色泽一般是有差别的。如果制订染色工艺条件时考虑染色生产实际情况不够，则制订出的染色工艺就会使得染色大样与配色小样不相符。

④配色所用坯布与生产所用坯布白度、染色性能等差别较大也会造成配色小样和染色大样色泽不相符。

（3）染料、助剂管理混乱。

①染料、助剂在存放中混入其他杂质，使得色光、浓度发生了变化，会引起配色小样和染色大样色泽不相符。

②不同厂家、不同批次的染料不经分析调整等同混用，会引起配色小样和染色大样色泽不相符。因为不同的厂家在生产染料时，所采用的原料产地、合成的工艺路线、商品染料的混合成分等都有可能不同，致使不同厂家生产的同一品名的染料色光有差异。即使同一厂家、同一品名的不同生产批号的染料，也会存在色光上的差异。

③配色所用坯布与生产所用坯布白度、染色性能等差别较大，也会造成配色小样和染色大样色泽不相符。

（4）染色用水不符合要求。如果实际生产用水和打配色小样用水水质差别较大，也会造成配色小样和染色大样色泽不相符。

（5）执行染色工艺不严格。染色工人不严格按工艺操作，造成大批产品色泽不符小样的常见原因：

①染色设备和工具清洁工作未做好。

②染化料称量不准确，染色用水量与工艺要求差别较大。

③染色工艺条件控制不严格，如染色温度、压力、车速等工艺条件与工艺要求不相符。

④染后水洗、固色等处理不严格按工艺要求操作。

3. 克服办法

（1）严把对色关。正确选择对色光源和对色方法，客户标样、配色小样、染色大样要在同一光源下对色，最好按客户要求采取指定标准光源，最好不用不稳定的自然光源，一些对色光有严格要求的出口产品最好在标准光源下对色后再按客户要求采用指定的测色系统测定色光数据进行对色。

正确进行对色操作。进行对色时，织物的含水量、折叠层数、纹路方向要一致，环境也要一致。

（2）制订合理的染色工艺配方。

①配色打小样与实际生产用布不仅要用同一批布，而且坯布的前处理条件和质量要完全相同。

②摸清配色小样和生产大样之间在上染条件、上染结果和色泽等方面的差别规律，根据小样工艺配方制订合理的生产工艺配方。

③保证打小样与大批生产所使用染化料完全相同，比如所用染料，不仅要是同厂生产的同一名称代号的染料，而且还要是同批次生产的染料。助剂也是如此。

④合理选择染料。要选择上染性能稳定、色光在加工和存放过程不易变色的染料。

（3）配色打小样与大生产所用染化料不仅要完全相同，所用水质也要相同。

（4）严格染料、助剂的管理。染化料要分类、分批存放，严防相互影响和相互混淆。

（5）加强生产管理，严格执行生产工艺。

①严格做好染色设备和工具的清洁工作。

②染化料称量要绝对准确，染色用水量按工艺要求操作。

③严格控制染色工艺条件，如染色温度、压力、车速等工艺条件与工艺要求相符。

④染后水洗、固色等处理严格按工艺要求操作。

（6）重视多环节对样检查工作，如染色下车前、烘干整理等工序的对样工作，形成严格制度，以便及时发现问题及时解决，保证出厂染色产品色泽符合标样。

（八）斑渍

1. 疵病形态

染色织物表面呈现出与所染颜色不同的各种斑点或斑纹称斑渍。斑渍的颜色有深有浅，也有白色斑渍。工厂中常根据斑渍产生的原因而叫不同的名字，如色斑渍、油斑渍、污斑渍、锈斑渍、水斑渍、霉斑渍、浆斑渍等。有关色斑渍的产生原因和克服方法在本节内容色点、色渍处已详述，此处不再赘述。

2. 产生原因

（1）坯布原因。染色用坯布虽经前处理，如果仍然存有某些影响染料上染的杂质形成的斑点（如蜡质、浆、锈、柔软剂等形成的斑点），染色织物上就会出现各种斑渍。

①坯布存放过程中由于环境潮湿、存放时间过长产生霉斑，严重时经前处理也不能去除，染色时会造成斑渍。

②织物煮练不透，染色坯布上有蜡斑或浆斑等防染、阻染杂质，因杂质的防、阻染作用会使染色织物上产生白色或浅色斑渍疵点。

③煮练时由于用水硬度过大，助剂对硬水敏感造成钙斑，染色时会产生白色或浅色斑渍疵点。

④煮练、退浆、丝光后，水洗不净、不匀，烘干不及时不均匀，风干造成碱斑、蜡斑、浆斑等斑点，染色时就会产生相应染色斑渍疵病。

⑤染色坯布沾有污渍，特别是前处理后沾上油污等污渍影响染料上染，染色后会产生油斑渍等疵病。

（2）设备环境原因。

①设备不清洁，比如推布车、染色机、脱水烘干机等不清洁，使织物被沾污，染色时就会产生各种斑渍。烘筒上粘有色纤毛，在烘浅色时也会通过传色产生斑渍。

②轧辊有不规则的不平整，轧染织物带液率不匀产生色斑渍。

③环境不清洁，例如，空中飞尘、滴水（特别是含酸或污垢的滴水）落到染色坯布上，染色时会产生斑渍。滴水落在染后的色布上也会产生水渍印。

（3）操作不当原因。

①化料不匀、染料聚集会产生色点、色渍等各种斑点（详见本节一（五）中色点、色渍内容）。

②运输、上布、落布等操作过程不认真，沾污织物形成斑渍。

（4）铁锈的原因。

无论是染色前、染色中还是染色后，只要织物沾上铁锈就会产生锈斑。造成锈斑的原因有：

①练漂前的原坯布含有铁锈，染色前处理不净，或前处理中由设备、助剂带给织物铁锈。

②在染色料液或用水中带有铁锈，染色过程中织物与铁器生锈处接触，形成锈渍。

③整理过程织物与带有铁锈的设备接触。

3. 克服办法

许多染色斑渍难以完全消除，所以斑渍疵病要以预防为主。

（1）加强坯布和半成品检验，发现霉斑、锈斑要在染前去除。

（2）保证助剂、用水的清洁，避免助剂和水中带入铁锈、油污等杂质。

（3）保证织物前处理透彻、均匀、干净，防止生斑、蜡斑、碱斑、钙斑等斑渍的产生。

（4）尽量采用软水配制染液和染色，防止钙斑的产生。

（5）严格染坯和半成品的管理工作，避免染色坯布、半成品或成品在存放、包装、运输过程中沾上污渍。坯布中某些轻微的污渍可不必处理，经过一系列加工即可去除，但比较严重的污渍必须进行特殊处理，否则在染色时会形成各种染色斑渍疵病。坯布或半成品在较大范围内运输时，要用包布包好，做好防护措施，避免沾污，在生产运转过程中要罩好布罩，防止染坯被污物沾污产生斑渍。

（6）做好各类设备和管道、容器的清洁工作，防止直接沾污织物或由染液间接沾污织物造成斑渍。

（7）加强生产过程管理，严格执行前处理、染色、后整理等各环节的生产工艺和操作规程，是避免各种斑渍的重要措施。

（九）油污渍

1. 疵病形态

染色织物上由于沾有油渍而产生的斑渍，它是上述斑渍疵病的一种，也是常见的斑渍，产生原因特别且单一，此处再做详细分析论述。

2. 产生原因

具体分析产生油渍的原因有：

（1）设备加油处密封不好，加油过多，产生漏油或溢油。

（2）润滑油脂高温挥发，遇机壳冷凝，油污直接滴在织物上。

（3）齿轮、链条加油过多或在运转中因摩擦发热油脂被液化直接飞溅到织物上。

（4）设备不清洁，带有油污渍，会沾污织物产生油污斑渍。被熔化的润滑脂溅在烘筒上、导布辊上或滴在液面上，在运转过程中被导辊沾上，当织物紧贴着导辊经过时，油污沾到织物表面就会造成油污渍，此种油污渍多是有规律的。另外，油纤毛沾在导辊、烘筒上，织物经过后也会产生规律性的油渍。

（5）生产用水、用料有油污或供水泵内润滑油脂飘逸，油污会黏附于织物上产生油污渍疵病。

3. 克服办法

这类疵病只要加强生产管理就较易杜绝。

（1）用油要合理选择。不同的设备、不同位置对油的要求不同。

（2）保证设备的完好和清洁，保证环境的清洁。

（3）保证用水用料的清洁。

（4）采取勤加、少加的加油措施。

（5）正确认真操作，防止在各个环节产生油污。

（十）水印

1. 疵病形态

织物在染整加工中的某环节滴或溅上水滴，造成色浅斑渍叫水渍印，也称水印，这也是染色斑渍的一种，此处做单独介绍。

2. 产生原因

产生水印的根本原因就是染整加工过程产生蒸汽多，蒸汽遇冷冷凝成水滴滴到织物上产生水印。织物无论是前处理还是染色、整理、存放或生产过程中滴上水滴，都有可能产生水印。产生水印疵点的具体原因主要有：

（1）车间通风排气不良，车间蒸汽不能及时排出，蒸汽在厂房屋顶遇冷形成水滴。车间结构不合理或车间房门关闭不严，冬天造成冷风进入车间与水蒸气相遇产生大量水滴。

（2）含蒸汽的设备密封不好漏气，使车间蒸汽过多，容易产生蒸汽冷凝水滴到织物上形成水印。

（3）设备、管道损伤或阀门关闭不严产生漏水，滴溅在织物上造成水印。

（4）蒸箱上部蒸汽夹板未开放、箱内蒸汽遇冷形成冷凝水滴或蒸箱内滴水造成水印。烘筒两端进出蒸汽处漏气、漏水或烘筒有砂眼渗水均会造成水印。

（5）其他原因使织物上有滴水，如房屋漏水、工人不小心溅上水等也是产生水印的常见原因。

3. 克服办法

（1）厂房设计要合理，增强采暖通风的设施，特别是冬天要防止车间雾气过大，防止冷气进入车间、减少冷凝水滴的形成。

（2）加强半成品的运输和存放管理，选好运输工具、路线，选好堆放地点，并采取防滴水措施，以防运输或存放过程中有水滴滴在织物上。

（3）对易产生蒸汽的重点机台，如烘燥机等采取特殊的防水滴措施，如加强通风、加防滴布等。

（4）各种蒸箱内要采取防止箱内水蒸气冷凝产生滴水的现象。

（5）加强设备的检修、管理，正确操作，防止设备和管道漏气、漏水。

（十一）皱印

1. 疵病形态

染色织物上出现的形状类似折皱的色泽不匀的疵病称皱印，也叫折痕。皱印有多种形态，有的有规律，有的无规律。企业里有的把不同形态的皱印分别叫不同的名字。比如，无规则的皱印有的叫拖刹印，有的叫压皱印；经向直皱印有的叫裙绉印，有的叫条皱印等。

2. 产生原因

（1）坯布因素。

①合成纤维混纺织物（如涤/棉），纱线在高温定捻中温度不均匀和纤维本身性能的不同使得纱线收缩率不同，经过热或碱处理时形成有规律的折皱，在染色中显出有规律的皱印。

②坯布或练漂半成品因存放产生折皱，有时经染色后会变成染色皱印。

③坯布前处理时，因织物处于折皱状态，使得折皱处的处理效果不同，经染色后也会产生染色皱印。如绳状练漂、煮布锅煮练的半成品进行染色容易产生染色皱印，特别是含合成纤维的织物（如涤/棉）。

（2）缝头不良也会造成皱印。如缝头不平直，不能与纬纱平行，会导致弯曲起皱；有时虽然缝得很直，但缝完回针时未按原直线回而发生弯曲，容易产生条皱。

（3）轧车压力控制不当、张力调节不适、前后单元机台不同步、张力不一致都会造成折皱，这种原因多半产生纬向皱印。

（4）合成纤维织物进行热加工时温度骤变或不匀，使织物产生不均匀的热收缩，同时又引起张力的不匀从而造成折皱，产生染色皱印。

（5）织物在染色过程中处于折皱状态极易产生染色折皱。如绳状溢流染色浴比过小，织物循环过慢，织物打结等因素会造成染色皱印。

（6）织物经烘燥后落布温度过高，落入布车后又长时间堆压，容易产生纬向皱印，尤其是含合成纤维的织物。

3. 克服办法

（1）加强与纺织厂的联系，摸清纤维原料、加工条件，特别是蒸纱和定捻等加工条件，发现问题及时与纺织厂联系。

（2）合理选择缝纫用线，要选择与织物纤维类似的缝纫线，特别是热收缩性要相近，避免因纤维性能不同，在后加工中缝头线和布匹的涨缩不一致使织物产生折皱，并且要严格缝头操作规程，缝头应做到平直、坚牢、边齐、针脚均匀一致，不漏针跳针。

（3）坯布或练漂半成品避免长时间折皱存放。坯布前处理时，避免因织物折皱产生处理效果不匀。如绳状练漂、煮布锅煮练含合成纤维的织物（如涤/棉）要特别注意。

（4）建立、建全设备维护保养制度，做好机械设备的检查、维修和保养工作，落实好防皱措施。特别是注意轧车压力、导布辊张力的调节控制要适当，前后单元机台的速度、张力要一致。

（5）织物在染色过程中避免长时间处于不变的折皱状态。如绳状溢流染色浴比不要过小，织物循环不要过慢，预防织物打结。

（6）织物热处理时要特别注意防止皱印产生。比如，合成纤维织物的预定形加热不要过急，要均匀，落布温度不要过高。

（十二）织物破损

1. 疵病形态

织物经染整加工后布面上出现断纱线、破边、残洞的外观残疵统称破损。破损疵病一般是无法修复的，所以该类疵病严重影响产品质量，一定要尽量避免。

2. 产生原因

织物破损疵病在整个染整加工的各个环节都有可能产生，归纳起来，产生织物破损的原因主要有设备和操作两类。

（1）烧毛工艺或操作控制不当、残留火星熄灭不及时，会产生烧破洞或更严重的后果。

（2）在整个生产加工过程或车间运输过程中，如果设备某部位不平滑、有尖锐凸出会造成织物被钩拉或摩擦，产生破损疵病。

（3）在拉幅、扩幅加工过程中，丝光或染色后拉幅整理，织物上原有小洞眼会扩大成大洞或撕破；此外，拉幅布铗开口过迟、布铗刀片夹角太锐利、针板有弯针等容易使织物布边被拉破；拉幅时幅宽过大、拉幅时织物过于干燥、织物受张力过大都会造成织物被拉破产生破损疵病。

（4）在前处理生产过程中，由于工艺配方、工艺条件和操作的不当，使得纤维受到局部的过度损伤（如漂白脆损），致使织物经受张力拉幅时容易被拉破。

3. 克服办法

（1）加强烧毛管理，避免烧破。

①加强烧毛机保养检修，保证烧毛机完好，制订合理的烧毛工艺，比如车速、火口大小、

火焰高度、烧毛次数等，并严格操作规程。

②火口与灭火装置距离要尽量缩短，做到及时灭火，随时检查火口和灭火装置，保证灭火彻底。

③气化汽油作为热源烧毛时要经常检查喷雾装置，合理控制气化温度，要保证汽油气化良好，避免有油滴喷滴至布面。

（2）加强设备管理，避免钩破、磨破、拉破。要经常检查织物经过的设备部位是否平滑、是否嵌有凸出的硬物等异常，若发现要及时维修或调换，避免织物被钩拉或摩擦产生破损。

（3）拉幅加工时，要经常检查布铗、针板是否完好，合理确定拉幅幅宽和织物干燥程度，必要时采取适度的给湿措施，避免织物被拉破。

（4）合理制订各环节工艺，并严格执行工艺，保证纤维在各道工序不受过度的损伤。

（十三）纬斜

1. 疵病形态

织物经、纬纱线互不垂直或纬纱呈不规则的曲线形状称纬斜。纬斜有直线纬斜、单边局部纬斜、弧形纬斜及不规则的局部纬斜等。纬斜主要是在前处理、染色加工过程造成的，稀薄、疏松织物最容易出现纬斜。某些情况的纬斜发现后经过后整理过程中的调整可以减轻或消失。

2. 产生原因

（1）坯布缝头原因。缝头不整齐、缝头不平直；特别是在加工过程中，产生断头后用手工缝接，容易缝的不齐、不直，造成接头歪斜，使得织物经染整加工后产生纬斜。

（2）染整加工过程中，织物局部受力，如手工拖拉织物操作不当，蒸汽吹到织物局部都会造成纬斜。

（3）织物打卷、开幅时操作不当，容易产生纬斜。

3. 克服办法

（1）缝头做到整齐、平直、坚牢、针脚均匀一致，不漏针，不跳针。

（2）加强设备的维护和保养，保证设备完好，设备运行前的调整要仔细严格，保证织物承受张力均匀一致，避免织物局部承受不匀张力产生纬斜疵病。

（3）严格操作规程，提高操作技术，避免人为因素产生纬斜。

（4）在关键设备上安装整纬装置，及时调整、修复纬斜，特别是在最后拉幅定形或树脂整理工序要有整纬装置。

二、内在疵病

（一）染色牢度不达标

色牢度是染色产品的重要内在质量指标之一。不同的产品，不同的用途，对色牢度的要求不同，染色产品一定要根据客户要求进行色牢度检验，做到不达标者不能出厂。

引起染色制品色牢度不达标的因素很多，不同方面的色牢度的影响因素也不同，提高色牢度的措施也不相同。下面仅对几个常用色牢度（耐皂洗色牢度、耐日晒色牢度、耐摩擦色牢度、耐升华色牢度）不达标的原因和提高措施进行分析讲解。

1. 耐皂洗色牢度

耐皂洗色牢度是衡量染色纺织品色牢度最常用的指标之一，特别是用作经常洗涤的制品的原料。例如做毛巾、桌布、内衣、外套等制品的纺织品，因为要经常洗涤，洗涤又经常用到肥皂等各类洗涤剂，如果耐皂洗色牢度不好，不合格，在洗涤时变色过多就会影响其使用效果和使用寿命。

（1）产生原因。影响耐皂洗色牢度的因素在本项目任务二中已经述及，下面就耐皂洗色牢度不合格的可能原因再做归纳。

①选用染料不合理。前已述及，染料的结构决定了染料在纤维上的固着方式和水溶性，而染料与纤维的结合方式和水溶性的大小是影响耐皂洗色牢度最直接、最关键的原因。含有反应性基团的活性染料与纤维反应形成共价键结合，洗涤时染料就不容易脱离纤维而溶解于洗涤液中，色牢度就好。非反应性水溶性染料（如直接染料、酸性染料、阳离子染料等），如果用其染色后染料的溶解性能没有被改变，那么上染到织物上的染料尚可溶解于水，因此耐皂洗色牢度一般较差。而水溶性较差或非水溶性染料（如还原染料、硫化染料、不溶性偶氮染料等），因其溶解性差，洗涤时因难以溶解于洗涤液就不容易脱离纤维，因而耐皂洗色牢度就高。所以，在选用染料时，如果染色制品色牢度的要求较高，而又选择了非反应性、溶解性又高的染料，染色制品的色牢度一般会不达标。

②染色工艺不合理。染色温度过低，纤维膨化不充分；染色时间过短；纤维膨化剂、渗透剂、促染剂等染色助剂用量不够。以上原因影响染料向纤维内部渗透，使得染料难以充分渗透到纤维内部，耐皂洗色牢度差。

染色固着温度低、时间不够、固着助剂浓度过小使得染料固着不良，会导致耐皂洗色牢度低下，特别是活性染料的固着工艺、固着效果会严重影响染色品的耐皂洗色牢度。

③染后洗涤工艺不当。染色后要针对不同染料、不同纤维采用不同的洗涤方式，以洗除纤维表面的浮色，这是保证耐皂洗色牢度以及其他某些色牢度达标的重要措施。比如，直接染料、酸性染料等染色后要水洗，活性染料、还原染料染纤维素纤维织物时，染色后要充分皂洗，分散染料染涤纶织物后要还原清洗等。这些染后的水洗、皂洗、还原清洗都是为了清除没有充分上染固着的表面浮色，从而保证有较高的耐皂洗色牢度。染色后的水洗、皂洗、还原清洗等处理工艺条件不当，造成浮色洗除不净是耐皂洗色牢度不达标的重要原因之一。

染色后的水洗、皂洗、还原清洗的工艺条件不当主要是指洗涤助剂浓度不够、温度过低、时间过短、浴比过小、次数过少，这些原因都会导致洗涤不充分，黏附于纤维表面的染料洗涤不净，造成耐皂洗色牢度不达标。

④染后固色工艺不合理。染色水洗去除浮色后，有些染料的耐皂洗色牢度仍然不达标时，可以通过固色剂的处理，以降低染料的溶解性，提高耐皂洗色牢度。例如，直接染料、酸性染料、阳离子染料等非反应性、水溶性染料染色后先洗除浮色，然后用固色剂进行处理，封住水溶性基团，降低染料水溶性，可以明显提高耐皂洗色牢度。但是如果固色剂选用不当，

固色剂等助剂的用量不够，温度不当，时间过短，会影响固色效果，使得耐皂洗色牢度仍然不达标。

⑤染色浓度。纺织品的染色浓度也会影响耐皂洗色牢度，特别是非反应性水溶性染料染色时，浓色产品的色牢度会低些，淡色产品只要染色、水洗工艺合理，一般不用固色处理耐皂洗色牢度也会达标。

（2）克服办法。

①合理选用染料。染料的类别结构与耐皂洗色牢度的关系密切，所以在选择染料时，要考虑制品的耐皂洗色牢度要求、染料与纤维的结构性能。比如，毛巾、浴巾、内衣等经常洗涤的制品耐皂洗色牢度要求会很高，就要选择染色牢度高的还原染料、活性染料，而不要选择色牢度一般不高的直接染料等。在选择染料时要注意，同类染料因其分子结构的差异其耐皂洗色牢度也有不同。

②合理制订和控制染料上染工艺。染料向纤维内部渗透充分，表面色少，有利于耐皂洗色牢度的提高。要保证染料渗透充分应考虑如下工艺因素的控制。

a. 选择必要的、合理的染色助剂，包含种类和用量。有助于染料渗透的助剂有纤维膨化剂、渗透剂等。特别是在染料分子较大、难渗透、纤维结构紧密难膨胀的情况下，一定要有足够的纤维膨化剂和染料渗透剂来帮助纤维膨化和染料渗透。

b. 保证合适的染色温度。温度是保证纤维获得足够能量膨化、染料获得足够能量向纤维内部渗透的重要条件，所以要保证足够高的温度。

c. 保证足够的染色时间。染料被纤维表面吸附上染较快，但向纤维内部扩散渗透较慢，需要一定的时间，所以，染色时间要以保证染料的充分渗透为准。若时间不够，就会产生较多的浮色，影响耐皂洗色牢度以及其他色牢度。

③合理制订和控制染料固着工艺。活性染料上染纤维素纤维后必须与纤维发生共价键结合才能保证色牢度，所以活性染料与纤维的反应性固着是至关重要的，固着不好，耐皂洗色牢度肯定不达标。控制活性染料的固着效果主要是控制固着助剂的种类和用量、固着温度和时间。

④严格控制染后洗涤工艺和操作。染后洗涤不当、残留浮色过多是耐皂洗色牢度不达标的重要外在原因之一。因此，染后的浮色清洗是保证耐皂洗色牢度达标的重要环节。保证良好的清洗效果要实施的措施主要有：

a. 选择合理的清洗助剂和方法。一般非反应性、水溶性好的染料用热水或温水就可把浮色清洗干净。活性染料染纤维素时，要求洗除所有未反应的染料以保证较高的耐皂洗色牢度，洗涤要求高，难度大，要加入足够的肥皂或其他洗涤剂进行清洗才能保证水洗效果。还原染料浮色难溶于水，只有加入肥皂等洗涤剂，在较高温度下洗涤才能洗除浮色。分散染料染涤纶时也因浮色难溶而不易清洗，可以靠还原剂的作用洗除表面浮色。

b. 保证足够高的水洗温度。温度能提高染料的溶解度，足够高的水洗温度才能保证浮色洗除效果。

c. 保证合适的水洗时间。染料溶解需要时间，所以洗涤时间要足够。

d. 保证合适的水洗浴比和次数。浴比过小、水洗次数不够会使得浮色洗除不净，色牢度不达标。

⑤合理固色。非反应性水溶性染料如直接染料、酸性染料、阳离子染料等染色牢度不达标时，可以用合适的固色剂进行固色，以提高色牢度。为了保证色牢度提高到达标的程度，必须根据染料的类别、染色浓度确定合理的固色剂种类和用量，同时固色浴比、温度和时间等工艺条件也要合适，并要严格操作过程。

2. 耐日晒色牢度

耐日晒色牢度也是常见的染色牢度之一，特别是染色纺织品用作经常日晒的制品时，耐日晒色牢度就更显重要，要求更高。

（1）产生原因。影响耐日晒色牢度的因素在本项目任务二中已经详述，下面就耐日晒色牢度不合格的可能原因归纳如下。

①染料选用不当。染料的分子结构是决定染料耐日晒色牢度的重要内因，不同结构的染料其耐日晒色牢度有时差别很大。一般来说，蒽醌类、酞菁类、金属络合类、多偶氮类染料以及含有较多的硝基、卤素的染料耐日晒色牢度较好。含有能促使染料吸收光能的结构基团的染料耐日晒色牢度较差，如含有联苯胺结构、三芳甲烷结构、靛类结构、含有较多的氨基或/和羟基等基团的染料其耐日晒色牢度较差。对于耐日晒色牢度要求较高的纺织品染色时，如果选用了耐日晒色牢度较差的染料，染色品的耐日晒色牢度无论采取何种措施也不会达标。

同一染料在不同性质的纤维上的耐日晒色牢度有时会有很大差异，所以在选择染料时也要考虑纤维类别的影响因素。

染料拼混使用时，个别染料会相互影响，使得耐日晒色牢度下降。

②染色工艺不合理。

a. 染色不匀，局部染料浓度较大，则色牢度较差。

b. 染色温度不够高、时间过短、渗透助剂不够量，造成染色品染料渗透不充分，纤维外表层染料较多；染色后水洗不彻底，造成纤维表面染料较多。这些都会使耐日晒色牢度明显下降。

c. 活性染料染色时，固色工艺不合理，使得染料与纤维键合不充分也会降低耐日晒色牢度。

③助剂的影响。染色后所用的固色剂以及后整理助剂，有的会对染料的耐日晒色牢度产生明显影响。有的助剂会阻碍染料对光能的吸收，从而可提高耐日晒色牢度；而有的助剂则能促进染料对光能的吸收，使耐日晒色牢度下降。

（2）克服办法。

①合理选用染料。

a. 在选用染料时要考虑染色制品对耐日晒色牢度要求的高低，对于耐日晒色牢度要求较高的染色制品，要尽量选用含蒽醌类、酞菁类、金属络合类、多偶氮类结构的染料以及含有较多的硝基、卤素的染料，避免选用含有联苯胺结构、三芳甲烷结构、靛类结构的染料和含有较多的氨基、羟基等基团的染料。

b. 在选择染料时也要考虑纤维对染料耐日晒色牢度的影响。

c. 染料拼混使用时，要考虑染料之间耐日晒色牢度的相互影响。

②制订合理染色工艺并严格染色操作。制订合理的染色工艺，严格染色操作规程，做到染色均匀，染料向纤维内部渗透充分。

活性染料染色时，重视固色工艺的合理性，操作严格，做到染料与纤维间键合充分。

③合理选用助剂。特别是染色后的固色剂以及后整理助剂，在选用时要考虑助剂对染料的耐日晒色牢度的影响。避免选用能促进染料对光能的吸收，使耐日晒色牢度下降的助剂。

3. 耐摩擦色牢度

耐摩擦色牢度也是常见的染色牢度指标之一，特别是染色纺织品用作经常耐摩擦的制品时，对耐摩擦色牢度要求就更高，如做裤料等外衣面料时就要求有较高的耐摩擦色牢度。

（1）产生原因。

①染色工艺不合理。染色温度不够高、时间过短、渗透助剂不够量，造成染色品染料渗透不充分，纤维外表层染料较多；染色后表面浮色清除不彻底，造成纤维表面浮色。这些因素是耐摩擦色牢度不达标的最主要原因。

②活性染料染色时，固色工艺不合理，使得染料与纤维键合不充分，染后皂洗又不彻底，水解染料未彻底洗除等，均会造成染色制品的耐摩擦色牢度不达标。

③染料在纤维上的存在状态不合适。染料在纤维上以分子状态分布，耐摩擦色牢度较好，如以较大的分子聚集体的形式存在于纤维上，其耐摩擦色牢度就差。

（2）克服办法。

①制订合理的染色工艺。特别是染色温度和染色时间要适当，渗透助剂的选择和用量要适当，保证染色制品染料渗透充分。

要根据不同的纤维及染料选择水洗、皂煮、还原清洗等适当的方式和工艺条件，把表面浮色清除干净。

②活性染料染色时，重视固色工艺的合理性，并严格操作，使得染料与纤维充分键合，染后进行充分皂洗，使未键合的水解染料洗除干净。

③控制染料粒度和染料在纤维上的存在状态。染料粒度要尽量小，尽量保证染料在纤维上以分子状态分布，有利于提高耐摩擦色牢度。

4. 耐升华色牢度

耐升华色牢度也是常见的染色牢度指标之一，特别是要经过高温整理和使用过程中经常熨烫的染色纺织品，对升耐华牢度要求就更高。比如，涤纶用分散染料染色后进行热定形处理时，如果耐升华色牢度差，染料升华会造成染色不对样、色花、污染定形设备等问题；在熨烫时也会造成衣物的色花，影响穿用。

（1）产生原因。

①染料选用不合理。耐升华色牢度主要决定于染料的结构和分子量大小。分散染料与纤维基本上没有结合力，染料分子较小时，受热容易升华，耐升华色牢度就差。

②染色工艺不合理。染色温度不够高、时间过短、渗透助剂不够量，造成染色品染料渗透不充分，纤维外表层染料较多，染色后表面浮色清除不彻底，造成纤维表面浮色，这些因素也会使耐升华色牢度不达标。

③在纤维上的存在状态不合适。染料在纤维上以分子状态分布，耐升华色牢度较好，如以较大的分子聚集体的形式存在于纤维上其耐升华色牢度就差。

（2）克服办法。

①合理选择染料。要根据染色产品的不同用途和后处理工艺条件，正确选择染料。可通过查阅相关资料或试验检测染料在织物上的耐升华色牢度，对要经过高温处理的染色品和要经常熨烫的染色品要选用"耐干热色牢度"高的染料或选用高温型的分散染料进行染色。

②制订合理的染色工艺，并严格按工艺操作，保证染料在纤维上能够良好地渗透扩散，染后进行充分的水洗和还原清洗。对耐升华色牢度要求较高的染色品，在染色后经高温处理，然后对样。

（二）脆损

纺织品经过染整加工过程后，纤维受到损伤，表现为织物强力明显下降，严重时一触就破，称为纤维脆损。纤维脆损也是染色品常见的内在疵病。纤维脆损不十分严重时，在加工过程中往往不易及时发现，一般只能在后整理工序或在最后质量检测时发现，但是一旦发现就无法对疵布进行修复，会造成严重后果。所以染厂要绝对避免纤维脆损疵病的产生。

1. 产生原因

（1）织物存放不当会造成纤维脆损。特别是蛋白质纤维织物受潮或湿布堆置过久，会造成脆损；纤维素纤维织物在此情况下也会造成脆损。

（2）在染整加工过程中许多助剂（如酸、碱、氧化剂、还原剂等）使用不当，是造成纤维脆损的主要原因。

织物染色前的练漂、丝光等前处理往往要用到大量的酸、碱、氧化剂、还原剂，如果助剂种类选用不当，用量过多，温度、时间等条件控制不当，均会造成纤维过度损伤，造成纤维严重脆损。

助剂种类不同以及温度、湿度、空气条件的不同，纺织纤维与助剂产生的化学作用可能不同，不同的纤维对助剂和各类条件的反应也不一样。例如，纤维素纤维（棉、麻、黏胶织物）不耐酸，特别是遇到浓度较大的强酸时，纤维素纤维就会迅速发生水解作用，形成水解纤维素，使纤维脆损。因此，棉布一般不用强酸处理，尤其不用浓强酸处理，但是，即使用稀的强酸或有机弱酸处理织物时，如果最后去酸不净，烘干时，水分蒸发，酸的浓度就会变大，也会产生纤维的酸催化水解或其他化学反应，使纤维损伤产生脆损。另外，酸性盐类由于水解作用，也会产生不同程度的类似酸液的影响。无论何种纤维，只要酸碱的浓度高到一定程度，在一定的温度条件下，纤维都会受到酸碱的作用产生损伤，造成脆损。

一般情况下，合理使用氧化剂时，氧化剂对纤维基本没有损伤作用，但使用氧化剂不当，如使用过多，条件过于激烈，就有可能使纤维氧化受到损伤，造成织物脆损。另外，多数纤维在高温下，遇到空气或氧化剂就会发生氧化作用，生成氧化纤维素，使织物强力大大降低。

在有水存在时，长时间高温处理（比如汽蒸时间过长），即使没有酸碱等试剂的存在，纤维也会过度水解，使织物强力明显降低，造成脆损。

在某些处理工序，如果出现铜、铁或其他重金属离子，往往会催化某些化学反应，使纤维迅速受到损伤造成脆损。比如，采用双氧水漂白时，若存在此类离子，会催化双氧水对纤维素的氧化反应，加剧纤维的损伤。如果金属离子过于集中，纤维甚至有可能会因过度脆损而形成破洞。

（3）脆损还与染料结构性能有关。比如，有的还原染料及硫化染料容易吸收光能，促使纤维发生光化学氧化反应，造成纤维光敏脆损。

（4）染整生产工艺条件控制不当是造成纤维脆损的重要原因。虽然许多试剂能与纤维发生化学反应，但是条件控制适当，纤维受到的影响不大，就不会造成纤维脆损疵病。相反，如果工艺条件控制不适当、不严格，特别是试剂浓度、温度、时间等条件控制不恰当，就会造成严重的纤维损伤。

（5）水洗不彻底，尤其是在经过酸、碱、氧化剂、还原剂处理后的水洗不彻底，虽然残留试剂浓度不大，但是在经过烘干过程时，试剂浓度会变得很大，纤维就容易产生脆损。

2. 克服办法

（1）重视织物的存放过程，避免潮湿状态下长时间存放，特别是纤维素和蛋白质纤维织物。

（2）在选用酸、碱、氧化剂、还原剂作为处理试剂时，要尽量选择对纤维影响小的种类，严格控制用量和浓度。

（3）合理制订各生产工序的工艺条件，并规范操作规程，严格控制工艺条件，特别是温度、时间，避免纤维受到损伤。

（4）保证印染用水的质量，避免水或试剂中带有铜、铁等能促使纤维脆损的金属离子。

（5）重视水洗工序，保证水洗充分，尤其是在经过酸、碱、氧化剂、还原剂处理后的水洗一定要彻底，避免酸、碱、酸性盐、氧化剂、还原剂等试剂残留在织物上。

（三）缩水变形

亲水性纤维如棉、毛、丝、麻、黏胶纤维等织物及其交织物，下水后都会有一定程度的收缩变形，有的织物经多次洗涤仍有收缩。虽然织物的缩水变形是不可避免的，但是如果织物的缩水变形过大，就会影响到织物的使用，所以客户一般对织物缩水有严格要求。织物的缩水性大小与织物组成纤维和织物组织有关，更与印染加工有关，合理的印染加工工艺能调整织物的缩水到符合要求的范围。织物缩水不达标也是织物内在疵病的一种。

1. 产生原因

（1）织物内在原因。织物缩水的根本原因在于，无论是机织物还是针织物，纱线都呈弯曲状态，并且每通过一个上下交织点，纱线就存在一个弯曲，织物遇水后纤维吸水，纱线膨胀变粗，纱线的弯曲程度增大，从而引起织物收缩变形。所以，纤维的吸水膨胀性能、纱线的粗细、纱线的捻度、织物的经纬密度等都是影响织物缩水变形的内在原因。

①纤维吸水膨胀性能。纤维吸水膨胀性能是产生织物缩水变形的最根本原因。一般来说，

在织物组织规格等相同的条件下，纤维吸水性越大，织物变形性越大，所以吸水性强的棉、毛、丝、麻、黏胶纤维组成的织物，一般有较大的缩水变形性，而纯合成纤维织物缩水变形性较小。

②纱线粗细和织物的经纬密度。纱线粗细和织物的经纬密度也是影响织物缩水变形性的两个重要因素，并且两个因素相互影响，比较复杂。从单根纱线的粗细讲，在不考虑其他因素的情况下，粗纱线组成织物时纱线的本来曲波度就大，在吸水后比细纱线膨胀变粗明显，产生弯曲内张力也大，使得纱线的曲波度增大的幅度就更大，从而使织物收缩变形程度大。可是，当织物中经纬密度达到一定程度时，细纱线织物还有一定的让纱线变粗的空间，织物可以收缩；而粗纱线组成的织物就可能已经没有让纱线变粗收缩的空间，织物也就难以收缩。也就是说，在织物经纬密度达到一定程度时，粗纱线组成的织物反而不能收缩或收缩很小。所以在织物经纬密度较小时，纱线越粗织物吸水变形性越大；在织物经纬密度达到一定程度后，反而是纱线越粗越不能收缩变形。

织物经纬密度的大小对织物吸水变形性的影响要从两个方面分析：一方面，织物经纬密度大，纱线的曲波数就多，织物吸水收缩性就可能大；另一方面，织物经纬密度加大，纱线间空隙变小，减少了纱线变粗、织物收缩的空间，阻碍了纱线变粗，从而降低了织物吸水收缩的可能性。所以经纬密度过大的织物其缩水性应该很小，经纬密度过小织物其缩水性也不大，具有中等经纬密度，纱线间既有足够空隙，纱线又有足够曲波数的织物的吸水收缩性应该最大。

③纱线捻度。织物纱线捻度也是影响织物缩水性的重要内因之一。纱线存在捻度会使纱线在吸水膨胀变粗的同时产生纱线经向收缩变短，从而使织物产生更大的收缩，所以，强加捻织物（如绉类、纱类、乔其类织物）缩水变形性就强。

（2）坯布织造工艺不当。坯布织造工艺不当会造成坯布的缩水率过大。如果在染整加工过程中又没充分消除这种遗留影响，成品织物仍然会有较大的缩水率。织物织造时经纬张力过大，经纬密度不够等都是造成坯布织缩率过大的原因。

（3）染整加工工艺不当。织物织造时产生的织缩通过染整加工可以调整，织物纤维性能和组织规格原因产生的缩水性，也可以通过染整加工进行降低调整，某些染整加工工序还会明显加大织物的吸水收缩性，所以说，染整加工工艺不合理是纺织品缩水变形不达标的重要原因。

印染加工过程中某些环节张力过大，会使印染成品缩水率过大，比如，各环节的导布辊张力过大，在卷染等染色时张力过大，都会使织物承受较大经向张力，从而使织物在印染加工中产生较大的经向伸长，造成印染成品的经向缩水率过大。织物在丝光、拉幅等加工环节承受过大的纬向张力会使织物产生纬向拉伸，造成成品织物纬向缩水率过大。

印染加工过程中调整织物尺寸稳定性的工序工艺不当，也是印染成品缩水率不达标的重要原因。比如，预缩整理时预缩程度不够，树脂防缩工艺不合理，整理效果不佳等。

2. 克服办法

纺织品的吸水收缩是不可避免的，只是程度不同，我们只能通过合理地控制印染加工工艺，降低和控制织物的缩水率，使其达到某些标准或客户要求。

（1）加强坯布规格检查，特别是对坯布经纬密度和幅宽进行检验。不同纤维、组织规格的织物常规的染缩率大不相同。一般坯布经印染加工后幅宽会收缩 10% 左右，经密过大、纬线不加捻的织物纬向染缩会小一些，比如，棉卡其一般在 7% 左右；相反，经密中等、纬线加捻的织物纬向染缩会大一些，比如，棉乔其、麻纱等会达到 15% 以上。如果坯布经纬密度过低或幅宽过小，就很难通过印染加工使得成品织物经纬密度、幅宽和成品缩水率同时达标，所以在印染加工前要对坯布的幅宽、经纬密度等进行检验。对无法通过印染加工使成品织物经纬密度、幅宽和成品缩水率同时达标的坯布要通知织厂或客户，严禁投入印染生产。

（2）合理控制印染加工过程中织物承受的张力。在印染加工过程中，特别是织物在带水状态下，一定要在保证印染加工工艺要求的前提下，尽量减小经向张力，以减少织物的经向收缩。比如，前处理、染色等设备的导布装置要合理调节张力，特别是最后的烘干过程，经向张力更要尽量减小，合理控制。

在拉幅等工序，要避免纬向张力过大或过小，使织物幅宽过宽或过窄。

（3）丝光过程中要控制好扩幅张力，使得织物幅宽和成品幅宽基本一致。经过丝光后的织物在进行其他处理时，要严格控制处理过程中的经纬张力，避免张力过小，丝光幅宽达不到成品幅宽，同时也要避免张力过大产生织物过度伸长加宽。因为丝光后产品的尺寸有相对的稳定性，如果在丝光之后进行的工序，织物再有伸长或拉宽现象，织物经、纬向的缩水率就会较大。

（4）进行必要的预缩整理。一些经向缩水率较大的织物，如果又是对成品的缩水率要求较为严格的产品，一定要经过预缩处理，并严格控制预缩工艺，保证预缩效果。如果预缩条件控制不当，达不到预期的预缩效果，产品的缩水率肯定不达标。

（5）对缩水率较大、产品缩水率要求很高的产品，进行合理的树脂防缩整理，以稳定织物尺寸，降低缩水率，同时能提高织物弹性和防皱免烫性能。

（6）严格管理，对产品经过各工序的进出布幅宽严格要求，并随时监控，后道工序要对前道工序进行把关验收，保证半制品应有的幅宽。

（7）涤/棉织物严格控制高温定形条件，保证涤纶的定形效果就可以有效地降低涤/棉织物的缩水率，提高尺寸稳定性。

（8）拉幅、热定形时适度超喂，不仅是扩幅的需要，同时也能降低经向和纬向缩水率。

总之，影响织物缩水变形的因素众多。要根据造成缩水率不达标的不同原因，有针对性地采取措施，才能防止和克服缩水变形不达标现象的发生。织物因张力过大造成的程度不太大的缩水率不达标问题，可以采用过清水重新整理的措施进行补救。

【过关自测题】

一、填空题

1. 色泽的三项基本特征，又称颜色的三要素，分别是（　　）、（　　）、（　　）。其中（　　）取决于物体选择吸收光的最大波长及组成，它是颜色的质，是（　　）与（　　）

之间的主要区别。

2. 分光光度计在印染行业中可用于对染化料进行（　　）分析和（　　）分析。

3. 染色设备应具备的基本条件是（　　）适用性强，（　　）程度高，一机（　　）适用多品种加工要求，织物在设备中以（　　）张力或（　　）运行。

4. 染料的（　　）性是影响透染的最重要因素，凡是影响染料（　　）速率的因素都会影响到透染效果；一般情况下，染色温度升高，利于纤维（　　）和染料的（　　），利于透染。

5. 一般延长染色时间，一是利于染料（　　），二是利于染料（　　），从而提高匀染和透染性。

二、名词解释

匀染性；透染性；色牢度

三、简答题

1. 归纳染色产品质量的总体要求。

2. 简述采用标准光源进行色泽对样的原因及常用的标源光源类型。

3. 分析色泽对样及匀染性的影响因素及控制措施。

4. 归纳耐皂洗色牢度影响因素及控制措施。

5. 归纳耐摩擦色牢度的影响因素及控制措施。

6. 归纳耐日晒色牢度的影响因素及控制措施。

四、综合题

任选两种染色疵病，描述疵病形态，用因果分析图法分析其产生原因，制订相应控制措施。

项目四　印花产品质量控制

【学习目标】
1. 熟知印花产品质量指标及要求。
2. 掌握印花产品主要质量指标的影响因素及控制措施。
3. 理解印花产品常见疵病的外观形态、产生原因和克服办法。
4. 了解印花产品质量指标检测方法和评定标准。

印染行业所说的印花通常是指纺织品印花，或专指织物印花。因此，印花是指使染料或颜料在织物上形成花纹图案的加工过程。织物印花涉及纤维种类、织物组织、花型特点、印花方法、设备性能及前处理、制版、仿色、印制、蒸化、水洗等诸多方面，是染整加工产品中质量问题最多、质量控制难度最大、许多疵病难以修复的一个加工过程。

织物印花产品的一般加工工艺流程为：

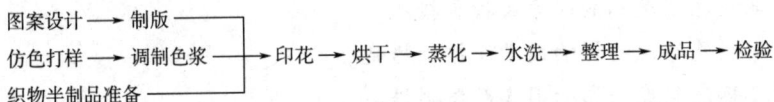

```
图案设计 ——→ 制版 ——┐
仿色打样 ——→ 调制色浆 ——├——→ 印花 ——→ 烘干 ——→ 蒸化 ——→ 水洗 ——→ 整理 ——→ 成品 ——→ 检验
织物半制品准备 ————————┘
```

织物印花的目的是使织物获得鲜艳、清晰且具有一定色泽坚牢度的花型图案。印花产品的质量控制就是围绕实现这一目的而进行的。

任务一　印花产品质量要求

【学习任务】
1. 概述印花定义、目的及常见印花品种。
2. 总结印花加工的一般工艺流程。
3. 例举所知道的印花工艺种类及基本原理。
4. 归纳印花产品质量指标及主要疵点。

一般印花产品要求图案准确、轮廓清晰、色泽鲜艳、块面均匀、牢度优良。纺织品印花产品同练漂、染色产品一样，其质量有外观质量和内在质量两个方面。

一、外观质量指标

外观质量指标一般包括幅宽、长度、质量、密度、手感、图案清晰、色彩鲜艳、整体对样无疵点。其中，与印花加工有直接关系的是图案清晰、色彩鲜艳、整体对样无疵点。

1. 印花疵点

印花疵点种类繁多，不同的加工织物，不同的工艺方法，不同的加工设备，产生的疵点也不尽相同。平版筛网印花中的疵点主要有接版印、压糊；滚筒印花中的疵点主要有刮刀印、拖浆；圆网印花中的疵点主要有刀线、嵌圆网网孔；拔染印花中的疵点主要有眼圈、浮雕；涂料印花中的疵点主要有涂料脱落。各种印花疵点共有近百种。

2. 图案对样

图案对样是指印花产品图案的形状、大小、相对位置及色调、色泽的浓淡、色光等符合原稿精神。当印制难以实现（如开路接版或色光难调等）设计要求需更改花样时，要征得客户或作者的同意。在实际生产中，大多数客户更注重印花产品的整体外观效果。

二、内在质量指标

内在质量指标一般包括缩水率、色牢度、断裂强力、撕裂强力、甲醛含量、环保染料等项目。其中色牢度又包括耐日晒色牢度、耐摩擦色牢度、耐熨烫色牢度、耐皂洗色牢度、耐汗渍色牢度、耐水浸色牢度、耐洗色牢度等。

对于不同的印花产品，根据其用途和印花方法的不同，其内在质量的控制侧重点往往不尽相同。如涂料印花产品，注重耐干湿摩擦色牢度、耐日晒色牢度、耐皂洗色牢度和手感等方面的质量控制；拔染印花产品，除了注重控制色牢度外，还要控制好断裂强力；活性染料印花产品，注重耐日晒色牢度、耐皂洗色牢度、耐水洗色牢度等方面的质量控制；分散染料印花产品，还应控制好分散染料的耐升华色牢度。

任务二　印花产品质量影响因素及控制

【学习任务】

1. 描述图案对样准确性的定义。

2. 简述常用印花工艺及其印制效果。

3. 简述花稿图案类型及适宜的印花工艺。

4. 简述平网花版制作一般工艺流程。

5. 分析图案对样准确性影响因素及控制措施。

6. 归纳对印花原糊的要求。

7. 简述平网印花机的种类及特点。

8. 简述蒸化设备的种类及特点。

9. 分析印花、染色用染料性能要求是否一样，说明原因。

10. 分析调制印花色浆是否需控制用水量，说明原因。

11. 分析图案清晰度的影响因素及控制措施。

12. 分析块面均匀度的影响因素及控制措施。

13. 描述印花产品色泽对样的定义。

14. 分析色泽对样的影响因素与控制措施。

15. 分析蒸化时影响湿度的因素。

16. 描述染料最高用量的定义，实际生产中是否有特例？并说明原因。

17. 分析色牢度的影响因素及控制措施。

18. 简述涂料印花对黏合剂和涂料的要求。

19. 分析涂料印花的质量影响因素及控制措施。

20. 分析数码印花的质量影响因素及控制措施。

一、图案对样准确性的影响因素及控制

图案对样准确性，是指经过印花加工，在织物上获得的图案与原稿花型精神（花样形态、外观效果）的符合程度。图案对样准确性如何，是影响印花产品质量的首要因素，也是印花产品质量检验中第一个要评定的内容。因此，对图案对样准确性的控制是印花生产中相当重要的一项任务。

影响图案对样准确性的因素主要有以下五个方面。

（一）印花工艺的影响及控制

1. 花稿图案的类型

花稿图案的类型多种多样、千变万化，不同的花稿必须根据花样中花、色间的接触情况和图案特点，结合不同印花工艺的印制效果选择不同的印花方法，这是图案对样的首要保证。选择印花工艺方法，首先要分析花稿特点，花稿图案大致分为如下类型。

（1）白地花样，白地面积较大，花型较小，较分散。

（2）满地花样，花纹与地色间有一定留白。

（3）浅地色花样，地色面积较大，花型较小，较分散。

（4）满地花样，色与色接触处无留白和第三色或仅局部有小面积留白。

（5）深色花型块面上有清晰的细小浅色线、点。

2. 不同印花工艺方法的不同印花效果

（1）直接印花。直接印花是色浆中不含有特殊助剂（如防染剂、拔染剂、烂花剂等）的印花方法，其花色间不产生阻碍或破坏作用。直接印花工艺简单，应用最广，其产量占印花总产量的90%以上。直接印花可以印制白地色花、浅地深花、花色间有留白或第三色，并且对地花的大小、轮廓通常没有特别要求的花样。

（2）拔染印花。拔染印花是在已染色的织物上，用含有拔染剂的色浆进行印花的方法。拔染印花有拔白和色拔之分。拔染印花可以印制深地浅花、地色面积远大于花纹面积的花样，以及花纹精细、轮廓清晰度要求高的花样。这类图案，如果用直接印花工艺，地色的深度、均匀性和渗透性往往难以达到要求。但是，拔染印花由于是在色地上尤其是在深浓色地上印花，不便于发现印制疵病，给印制过程的质量控制带来一定难度。因此，对工艺的合理性和操作的技术性要求比直接印花高。

（3）防染印花。防染印花是先用含有防染剂的色浆印花，然后再进行染色的方法。防染印花按效果来分，有防白、色防和半防三种，其优点是染料的化学稳定性高，这些染料（如蓝和翠蓝的乙烯砜型活性染料）不能用于拔染印花，而用于防染印花能得到高标准色牢度的防白或色防产品。但是防染印花有时花纹轮廓不够清晰，防白效果不如拔白理想。防染印花可以印制深地浅花、地花面积相差不太大，并且地色匀净、地色与花色间无留白也无第三色的花样。

防染印花和拔染印花统称为防拔染印花。

（4）防拔染印花。防拔染印花是在印花机上实现防染或拔染印花效果的方法，是防印印花和拔印印花的统称。其地色、花色均为印制而成，不必使用染色设备。印花效果与防拔染印花工艺相似，但地色有正反面之分，正面得色比反面清晰、浓艳，工艺流程短，质量易控制。主要用于印制深地细茎、地花面积不太大、花茎间对花准确、没有留白的花样。另外，拔印印花能够得到少套多色、立体感强的印制效果。

综上所述，不同特点的花样图案要选用合适的印花工艺方法，才能使印制效果的对样准确度有所保证。

（二）制版的影响及控制

制版是印花生产的第一个重要环节。如果所制花版与花稿精神不符，那么无论印花工艺如何控制，都无法实现对样准确的要求。因此，控制好制版过程的有关因素，是保证印花产品符合花稿精神的先决条件。

印花机种类不同，制作花版的材料、结构和方法各不相同。本书仅以平版筛网常用的感光制版法为例，说明制版过程对图案对样准确性的影响因素及控制方法。

1. 正确选择制版材料

制版材料的稳定性能、规格尺寸直接影响图案对样的准确性。

平网印花制版材料主要包括绷网框架、筛网和感光底稿等材料。选用制版材料时，主要考虑的内容，一是对绷网框架材料变形性的要求，二是对筛网规格的要求，三是对感光底稿片基的要求。

（1）绷网框架即花版框架的要求。要选用质轻、耐腐蚀、刚性好、不易变形的钢管材料。

（2）筛网规格的要求。筛网力求伸缩性小，坚牢耐用，弹性适中，经纬丝光滑、粗细均匀，网孔大小一致。筛网规格的选用，要依据织物的吸湿性和花型大小来确定。织物吸湿性强或花型面积大的需浆量多，一般选择目数小、透浆量大的筛网；织物吸湿性差或花型精细的需浆量少，应选择目数大、透浆量小的筛网。一般花型或质地较粗糙的织物多选用 120 目筛网，细茎、泥点以 180 目筛网为主，特别精细的云纹类花型要选用 250 目筛网，以保证印制花型的精细度。

（3）感光底稿片基的要求。同一花稿描绘黑白稿时，所用整套片基要选同一批号的，以防因伸缩性能不一，导致对花不准。

2. 感光底稿的制作效果

感光制版的依据是感光底稿。感光底稿的制作有手工描稿法、照相分色法和电脑分色法等。为了保证印制效果符合原稿精神，感光底稿制作时要根据图案花色特点、采用的印花工艺方法做必要的变化处理，而不是照搬原稿。

（1）手工描稿法。这是最早使用的感光底稿制作方法。描稿时先将图案分色分套，再将不透光的绘图墨汁用毛笔在上过胶膜的涤纶片基上进行分色描绘，得到感光底稿（又称黑白稿）。

手工描稿质量的好坏，取决于描稿人员掌握描绘技术、领会原稿精神及工艺要求的水平。为了使印制出来的花样符合原稿精神，描绘应按照一定规律进行。直接印花描绘，要求按图案的深、中、浅色依次进行。在同一花型中，深色完全按原作描绘，中色和深色连接时，可将深色画进去，浅色可覆盖在深、中色之上。两色间的复色要求均匀，宽度一般≤0.5mm（手工台板印花复色宽度≤1mm）。遇精细花纹时，要相应减少复色宽度。某些多层次复色的花样中，浅色层次只要碰到即可，淡色则要全面覆盖。描绘时，细茎、泥点在描绘时力求清晰均匀，描绘写实花样时，花型表现力求有立体感。

手工描稿法的特点是方法灵活，但出片效率低，描稿技术要求高。现在实际生产中多数企业只有在修改黑白稿时才使用此法。

（2）照相分色法。又称照相制版法，此法需选用合适的滤色片，将花样中的其他颜色的花纹滤去，只让某一种颜色的花纹感光，再经显影、定影、晾干、翻拍后得到相应花色的黑白稿。

照相分色法的特点是花样层次丰富、形象逼真，尤其适合于艺术性强、层次变化自然的图案；但是由于所得花样的精细度一般，出片的乌黑度也不够高，且设备占地较多，工序也较为复杂，不便于修改和再创作，其应用已越来越少。

（3）计算机分色法。此法是计算机在印染行业中的最早应用成果，也是目前生产企业应用最多的感光底稿制作方法。它是利用计算机分色描稿系统，可以一次完成花样中各种颜色花纹的分离和描绘。计算机分色系统的工作原理是，在计算机中设计花样或通过扫描仪输入，然后在系统支持下对花稿进行描绘、分色等一系列处理，输出单色稿文件，再将单色稿文件转换成数字信号的形式输出。

计算机分色描稿系统的特点是准确、高效，操作方便，特别适应于小批量、多品种、高精度、快交货的印花加工要求，并且可与多种输出设备配套使用，缩短印花工艺流程。

计算机分色描稿系统的分色、描绘遵循的仍然是传统的手工描稿原则。很显然，传统的手工描稿原则对于我们更好地理解和控制印花产品质量，仍然具有十分重要的指导意义。

3. 严格制版工艺要求

下面以平版筛网重氮感光胶花版的制作为例，说明制版工艺对花版准确性的主要影响因素和控制要求。

重氮感光胶花版是指以重氮盐类物质作为光敏剂而制得的花版，也称重氮盐系感光胶花版。其制版过程无污染、无毒害，操作方便，解像力好，属于环保生产工艺，是使用最普遍的平网制版方法。

（1）绷网、贴边。绷网是利用绷网机，将丝网平整、牢固地粘贴到框架上的加工过程。绷网时，筛网的经纬与框架的经纬力求保持平行，以保证网孔方正、张力均匀一致。张力不足，印花升降架起落时会引起回弹，产生双茎；张力不匀，会产生套歪。因此，加压时用直接蒸汽均匀喷雾使之受潮，稳定网丝形态。平纹织物印制大块面花型时，筛网必须斜绷，以防止产生松板印疵病。采用的黏着剂以缩醛胶较常用。绷网 2h 以后，进行贴边，贴边要求平直、牢固，否则，印花时会产生漏浆。

（2）清洗、干燥。用清洗剂或碱性液将绷好的筛网清洗干净，晾干或烘干后待用。其目的是去除油污，减少网丝的伸缩，以便感光胶能在筛网上均匀涂布，同时提高套花的准确性。

（3）涂感光胶。一般是正面往复一次吹干后，再在反面往复一次吹干。涂胶速度要适当，太快，易出现气泡，胶膜黏着不牢；太慢，会使涂层过厚，甚至流过网孔，影响均匀性。关键是保证涂层尽可能厚薄均匀，防止砂眼。

（4）感光。感光时间的长短对花版质量有很大影响。感光时间通常取决于片基的性能、光源的强度、感光胶的性能、胶层厚度及筛网目数等。例如，感光连晒机感光条件为：紫外光一般花型 35~60s；云纹、线条 30~40s；日光灯 2~3min。一次性曝光机曝光时间为 4~8min。一般地，精细花型用高目数的筛网，感光时间较短，以防止漏光产生堵塞、断茎、花型缩小等疵病；块面花型用低目数筛网，感光时间较长，以使光化学反应充分，保证胶膜牢固。如果感光时间过短，易在印制时产生砂眼、花型轮廓不清、脱胶等疵病。

（5）冲花（显影）。冲花时将筛网在水中浸泡 3~5min，理想的浸泡温度为 20~30℃。为了避免胶膜凸起，影响对丝网的黏着性，水温不得超过 35℃。用压力水枪冲花时，要掌握好水的压力，花型面积大的水压较高，花型细而小的水压要低，以免冲坏花型，影响印制效果。另外，冲花时间不可过长，否则，会引起砂眼等疵病。

（6）干燥。要求花版在水平状态下进行干燥，以避免水和胶液残留物滴落下来产生泡沫。干燥一定要彻底，温度为 30~40℃。

（7）固化。固化是加固胶膜牢度，提高花版使用寿命的重要工序。要求固化液涂覆均匀一致，然后烘干，冬季在烘房进行干燥，温度为 35~40℃，时间为 2h 以上；若为夏季则放在室内晾干 18h 即可。最后，检查无误后方可上机印花。

4. 全面检查，认真校对，仔细修改

检修是把好制版质量的重要环节，其结果直接决定着印花产品的对样准确性。检修时，一般是将花版放在灯箱工作台上，仔细查看花版上有无砂眼（多花），堵版（漏花）等现象，如有问题要及时处理。总之，无论是哪种检修，都必须做到全面检查，认真校对，仔细修改。

（三）色浆的影响及控制

色浆的组成及性状对图案的对样准确性有很大影响。

1. 原糊的影响及要求

印花对原糊的要求主要有：要对染化料具有良好的溶解、分散、相容性；具有良好的触变性、成糊力强；具有良好的水溶性和较高的给色量；具有良好的黏着性和很好的吸湿性；

抱水性要好，不带色素，来源丰富，价格低廉，制糊方便。

事实上，没有十全十美的原糊。在具体印花加工中，通常是根据织物和印花工艺要求的不同，有侧重地选用原糊。

对同一种糊料而言，含固量越高，则原糊的稠厚度越大，色浆的稠厚度也越大。一般情况是色浆太稠，渗透性较差，影响印制，易引起拖刀、收浆不净和花色不匀；而色浆太稀，则往往会引起化开、渗进等现象，影响印制效果。

色浆的均匀度通常取决于原糊的膨化程度、原糊与染化料的相容性以及有无外来杂质。因此，调制原糊时，糊料一定要充分膨化，生产中常用隔夜静置的方法来提高其膨化程度。

2. 染料的影响

染料的正确选用与否直接影响着图案的对样准确性。不同的纤维种类、不同的花色及印花工艺对染料的种类有不同的要求。

3. 助剂的影响

色浆中添加的印花助剂有多种，各起不同的作用，其种类和用量是否合适，会影响印花产品对样及外观质量。

如助溶吸湿剂，由于印花染料溶解浴比小（是印花与染色的主要差别之一），尤其是深色花样，要求染料浓度高，需要助溶剂来帮助溶解。尿素是常用的助溶吸湿剂，用量过多时，会影响原糊的抱水性，产生诸如化开、渗进、眼圈等疵病。再如，拔染剂，选用的拔染剂还原能力过强，地色容易被破坏，花色鲜亮，但花色染料选用也难，也有可能造成花色不匀、花色萎暗等疵病。相反，选用的拔染剂还原能力过差，易造成地色拔染不净，产生地色不匀、花色不对色等疵病。在实际生产中，一般是拔白宜选用还原能力强的，色拔宜选用还原能力适当弱的，这样可以扩大花色染料的选择范围，从而印制较丰富的花色。

（四）印制设备和工艺的影响及控制

花稿上的图案是通过印制设备（印花机）在织物上表现出来的。印花机的种类不同，其在织物的印制效果也各不相同。在实际生产中，目前织物印花使用较多的印制设备主要是平网印花机和圆网印花机。下面按印花机种类，从印花特点、对花方式、刮刀选择、印制要求及贴布浆几方面说明图案对样准确性的控制方法。

1. 平网印花机

（1）印花特点。平版筛网印制设备有手工台板、半自动平版筛网印花机和全自动平版筛网印花机三类，其基本组成为台板、花版和刮刀。不同点在于自动化程度不同；共同的印制特点是：花型轮廓清晰，织物受张力小，制版时间短，适合小批量、多品种的各类高档织物印花，几乎是丝绸类及其他不耐大张力织物的专用印制设备。

① 手工台板印花特点。热台板、跳版刮印，花型大小、套数不受限制，给浆量大，得色浓艳，图案清晰，织物品种适用性强，能印制相当精细的花纹。

② 半自动平版筛网印花机特点。由机械刮印代替人工刮印，刮印压力大且均匀，尤其适合于宽幅、厚重织物的印花。

③ 全自动平版筛网印花机特点。冷台板印花，连版刮印，易产生压糊、框子印、刮进、

渗进、糊边等疵病。

（2）刮刀的选用。刮刀的硬度、刀口形状及刮印压力直接影响印制过程中给浆量的多少和收浆干净与否。给浆量多，得色均匀、浓艳，有利于块面花型的印制；收浆干净，轮廓清晰，有利于精细花纹的印制。因此，刮刀规格的选用对印花质量有很大影响。其选择原则与筛网规格的选择有类同之处，见表4-1。

表4-1　刮刀与筛网选用的一般原则

刀口形状	织物吸湿性	花型大小	台板种类	筛网目数
圆口刀	强	大	热台板	低目数
斜口刀	差	小	冷台板	高目数

（3）贴布。贴布牢度要适当，以保证织物在印花时不起皱或位移，防止产生拖版、色皱印和白皱印；印花完毕，顺利与导带分离，防止撕伤织物。

2. 圆网印花机

（1）印花特点。冷台板，车速快，清晰度不是太高，主要适用于各种化纤织物的小花型少套色的印花。

（2）刮刀的选用。根据不同的织物所采用的染料、色浆需用量和透印程度，选用不同的刀片。刀片由厚度、高度、长度和可屈性4个参数来确定。钢刮刀刀片厚，柔软性小，压力大，色浆透网性增大，适于浓艳大块面花型。相反，刀片薄，柔软性大，压力小，色浆透网性下降，适于精细花型。

如果圆网的目数已定，压出去的色浆量是由刮刀的压力和位置来决定的。刮刀的压力和位置都可以调整。刮刀的位置决定色浆的输出量。如果位置向前，即与运转方向相反，则输出量减少；位置向后，即与运转方向相同，则输出量增加。刮刀的位置和压力，均可按照托座上的指标牌进行调整。特别强调，两头的压力和位置必须相等，才能保证印花色泽均匀。

（3）印制要求。

①胶毯运行。胶毯是印花传送带，受之驱动的辊筒很多，胶毯的正常运转是保证准确对花的先决条件。调整张力辊对胶毯所加的适当张力是非常重要的。胶毯的运转速度应比圆网快0.2%~0.4%。

②套次排列。以不影响花型、便于对花为原则，一般由小到大、由深到浅排列。对于传色严重的花纹，可按先浅后深的原则排列圆网。印制时，套与套之间保持一定距离，叠版距离应尽量拉远些，以确保印制效果。

③刮刀准备。印前要仔细清洗、检查圆网和刮刀，防止因带有杂质或刀口不平而产生刀线、露地、压浅印等疵病。

④贴布要求。全棉和涤棉混纺织物，宜选用ST-57型感热性树脂；丝绸及合成纤维类织物印花时，宜选用聚丙烯酸酯类感压性树脂，如RF贴绸树脂等。

（五）蒸化设备和工艺的影响及控制

蒸化过程易产生搭色和色泽深浅的外观疵病，使得产品不对样，因此，蒸化设备和工艺也是影响图案对样准确性的一项重要因素。

产生搭色和色泽深浅的原因是多方面的，但主要原因在于湿度控制不当。

1. 蒸化设备种类的影响

（1）圆筒式蒸化机（圆筒蒸箱）。它是使用最早的间歇式蒸化设备。该设备温度、压力容易控制，给湿充足，织物得色浓艳，是小批量、多品种印花织物常用的蒸化设备。圆筒式蒸化机的给湿方式有两种：底汽和米字管进汽。前者给湿大，升温快；后者给湿少而均匀，升温较慢。但由于这两种进汽管口均设在蒸箱的底部，难免会产生箱内湿度不匀，易造成印花织物左右深浅疵病。

（2）长环蒸化机（悬挂式汽蒸箱）。连续式蒸化设备。蒸化时，织物以单面接触方式无张力地呈长环状悬挂在导辊上；织物受热、吸湿均匀一致，可有效地防止因湿度不匀造成的色泽深浅疵病。蒸化织物以反面与导辊接触，并呈无张力长环状态悬挂在均匀分布的主动循环的上方导辊上，不会产生张力和搭色的问题；箱内无空气和水滴，织物不会产生搭色和水渍疵病。适应于各种机织物、针织物，以及巾被、毛毯和毛绒等制品的汽蒸和焙烘，应用广泛。

（3）导辊式蒸化机（还原蒸化箱）。织物在导辊间竖向穿布，为双面接触、紧式传送的连续式蒸化设备。该设备给湿充足，得色饱满；但耗汽量大，加工品种有限。主要适用于棉织物的活性染料、稳定的不溶性偶氮染料、还原染料、酞菁染料等印花织物的蒸化。

2. 蒸化工艺的影响

蒸化工艺包括蒸前给湿量、蒸化温度、湿度、时间。

（1）蒸化温度主要由纤维和染料的性质以及蒸化湿度决定。

（2）蒸前给湿量由纤维和所用糊料的吸湿性决定。

（3）蒸化湿度也由纤维和所用糊料的吸湿性决定，但受蒸化设备的限制。

（4）蒸化时间由湿度、温度、纤维和糊料的吸湿性、染料的溶解上染性等方面决定。

二、图案清晰度的影响因素及控制

所谓图案清晰度，就是在织物上呈现花纹图案的准确程度。影响图案清晰度的因素是多方面的，主要有花版质量、原糊性能、印制设备及工艺方法、蒸化湿度及蒸化时间、水洗设备和工艺等。

1. 制版

制版的准确性是影响印花图案清晰度的首要因素。严格执行制版工艺的每一项技术要求，保证制版质量，尤其是花型边缘清洁、光滑和胶膜坚牢是印花图案清晰度的重要保证。

2. 原糊性能

（1）原糊抱水性的影响。抱水性是原糊结合水分能力的指标，用单位时间内原糊析出水分的多少来表示。析出水分越少，则抱水性越好，印花时色浆不易化开，花纹轮廓清晰；抱水性差者，色浆印到织物上时易化开，花纹轮廓不光滑。抱水性的好坏与糊料的分子结构、原糊的固含量等有关。

（2）原糊流动特性的影响。花型轮廓清晰度还与原糊的流动特性有关。塑性流动的原糊，结构黏度大，通常触变性好，印到织物上后，黏度恢复迅速，色浆不再流动，使轮廓清晰度提高；而近牛顿型流动原糊，结构黏度小，触变性差，印到织物上后，黏度几乎不变，色浆容易流动，导致轮廓清晰度下降。

（3）原糊固含量的影响。原糊的清晰度与原糊的固含量有直接的关系。对同一原糊来说，提高原糊的固含量，原糊的黏度会增大，则结合水分的能力也增强，可防止印浆化开，提高图案清晰度。

另外，慎用吸湿剂也是提高图案轮廓清晰度的有效方法。如轻薄涤纶织物印花后，蒸化时若采用过热汽蒸，往往得色不够鲜艳；但采用高温高压饱和蒸汽蒸化，易产生渗化、搭色现象。此时，可通过去掉色浆中的尿素含量、使用 M 糊与帮浆 A 的混合浆（平网印花，以减少浆层厚度）或不用硫酸铵等加以改善。

3. 印制设备及工艺方法

（1）印制设备的影响。从印制设备种类来看，印花轮廓清晰度的高低顺序一般为：平网印花>圆网印花>滚筒印花。

这主要是因为，平网印花靠以刮为主、压为辅的动作配合来完成给浆，织物上的浆层薄，受压变形较小，并且采用较高的筛网目数，能够实现精细花纹的印制。

圆网印花靠以压为主、刮为辅的动作配合来完成给浆，织物上的浆层略厚，受压变形较大，并且圆网花版厚度比平网花版大，开孔率比丝网低，网孔目数达不到丝网水平，印制花纹轮廓清晰度不及平网。

滚筒印花机靠花筒与承压辊之间的轧点来完成给浆，轧点间的压力很大，印制花纹轮廓清晰，但通常由于棉织物的纹路粗稀、表面粗糙、吸湿性强，其外观效果远不及平网光滑、精致、清晰。

这并不是说只要采用平网印花，图案清晰度就万无一失。平网印花过程中，筛网印花的糊层比滚筒印花的厚，故很容易产生压糊、刮进等现象，导致图案轮廓不清晰，特别是在花型边缘重叠的情况下，复色印制范围增大，易造成清晰度下降。

因此，设法减薄给浆浆层厚度，让印浆中的水分及时蒸发，是保证印制花纹轮廓清晰度的有效措施。其具体方法有：选用高目数不易变形的筛网、使用快口刮刀、增大刀口刮印角度、适当加大刮印压力、保证刮刀刀口平直、调整刮刀刀线压力一致、滤好色浆、拉大花版间距、增设烘干装置等。

另外，对同一织物来说，疏水性纤维中组织紧密的织物吸水性差，色浆在纤维间隙中容易移动，从而使花纹处的清晰度下降。因此，这些织物印制大块面花型时，筛网目数的选择不能机械地套用一般规律。为了防止由于压糊影响花型轮廓清晰度或复色不清，要选用较高目数的筛网和能收浆干净的刮刀，以便减薄给浆厚度；同时，确保烘干温度>100℃，使织物及时烘干，防止出布时被导辊把花型拖出毛边而产生拖开疵病，影响轮廓清晰度。

（2）印花工艺方法的影响。对于同一印制设备，不同的印花工艺方法，对图案轮廓清晰度有不同的影响。清晰度大小次序一般为：拔染印花>防拔印印花>防染印花>直接印花。

这主要是因为，拔染印花是在有色织物上完成印制过程的，即使花纹有轻微的渗化现象，所到之处，受影响的是地色；如果印花中没有其他普通印浆，则可缩短蒸化时间，按照控湿要求进行蒸化，能保证花纹轮廓清晰。

防拔印印花实际是纯印花工艺方法，织物不需离开印花机可一次完成印制过程；并且地花与防拔染花型之间，对花要求不高，有防拔染剂的存在，使两花色间不会产生套歪、露白等疵病，应该获得轮廓光滑、清晰的效果。但由于地花着色的要求，蒸化工艺必须基本遵循普通工艺执行，往往蒸化时间较长，如果蒸化湿度再加大，花型轮廓清晰度则不如拔染印花。

防染印花则是在完成印制过程之后，还要经历染地工序，这对已有的花型轮廓无疑是一种考验，即使采用面轧方法"染"地，而地色哪怕有轻微的渗化，都会影响还未固着的花型轮廓边缘。如果需要蒸化，则条件同防拔印印花。因此，花型的清晰度一般会略逊于防拔印印花。

4. 蒸化湿度和蒸化时间

这是影响印花织物图案清晰度的另一重要因素。湿度过大、时间过长都会严重影响图案清晰度。

5. 水洗设备和工艺

水洗设备和工艺也是影响印花图案清晰度的重要因素，一般平幅水洗、流水洗、退浆前预固色等，对保证良好的图案清晰度是有利的，而绳状水洗易搭色，从而影响图案的清晰度。

三、块面均匀度的影响因素及控制

对大面积的图案来说，均匀度是个很重要的指标。印制花型的块面均匀度主要取决于色浆性质及印制操作。

（一）色浆的影响及控制

1. 染料的溶解

由于原糊的存在，印花用染料量要比染色的多得多，而印花色浆又含有40%~60%的原糊，这给染料的溶解带来了困难。因此，印花染料的溶解性要求比染色要高。

调制色浆时，不同溶解性能的染料采用不同的溶解方法，以保证染料溶解充分。但一定要控制好用水量，用水太少，染料溶解困难，易造成色点，影响花色的均匀性；用水太多，会使色浆黏度明显降低，影响图案的清晰度。

2. 色浆的印制性能

色浆的印制性能主要取决于原糊的性能。

首先，所选用糊料种类与染化料应有良好的相容性，使色浆不凝聚、不沉淀、不悬浮，使染料完全溶解或分散，以排除由此引起的发色不匀。

触变性好的原糊对切应力敏感，在刮印压力作用下，黏度能迅速下降，有利于块面花型的均匀给浆；刮印结束，压力消失，黏度能迅速恢复，又有利于花型轮廓的清晰。从这个角度来看，属于塑性流动型的原糊比近牛顿型原糊的均匀性要好。

流动性较大的原糊，印制后织物表面的色浆可以通过色浆的自然流动而分布均匀。当然原糊的流动性过大会影响图案的准确度和清晰度。

（二）印制操作的影响及控制

一般来说，大块面花型，为了保证块面的均匀性和色泽浓艳度，需浆量较大。筛网印花是通过筛网目数和刮印参数来控制块面均匀性的，筛网目数低，开孔率高，色浆透网性就好，给浆量多有利于给浆的均匀；刮刀厚、刀口钝、刮印压力大而匀，能提高给浆量和给浆的均匀性。

四、色泽对样的影响因素及控制

色泽对样是要求织物上所印制的花型应在得色的深浅、浓淡、色光等方面与原稿相符合。其中主要控制因素有：科学确定工艺配方、合理排版、防止传色、适当给浆、正确选择蒸化和水洗设备及工艺等。

（一）色浆配方的影响及控制

1. 染料

色浆染料的拼色是色泽是否对样的一项首要因素，仿色要求要严，工艺要同正常生产工艺，拼色时染料一般不要超过3只，并且要尽量避开余色关系的染料相拼。

在上染性能方面，要尽量选用上染曲线相仿（即配伍性一致）的染料进行拼色，以达到较好的拼色效果和鲜艳度。如果由于色谱的要求，需用上染性能悬殊的染料，则可采用其他方法（如改变染料的用量、增添有关助剂等）进行弥补。

2. 助剂

由于印花与染色工艺的明显不同，如染料溶解浴比极小，染料以原糊作为传递介质，上染时间短等，所以色浆中要加入多种助剂，其中许多助剂会对色泽有影响。

（1）纤维素纤维活性染料印花时碱剂的影响。活性染料与纤维素纤维是在碱性条件下发生共价键结合的，碱剂的合理选用对色浆的稳定性、活性染料的固着率起着决定性的作用，它是对色泽影响最大的助剂。

同浆印花选择碱剂的原则是：碱性至少是在蒸化时显示的碱性足够强，以满足染料固着的需要，碱性尽量弱以保证色浆的稳定性，这是一对矛盾。一般在实际生产中，对于反应性高的活性染料，选用碱性较弱的小苏打作碱剂，同时严格控制碱剂的用量，或选用高温下才显较强碱性的三氯醋酸钠（固色剂 FD）或三氯醋酸钠与磷酸二氢钠的固色体系，否则将会造成过多的染料水解，固色率下降，影响得色和色牢度，同时还会增加水洗负担。相反，对于稳定性较高的活性染料，要选用碱性较强的纯碱或纯碱与小苏打的混合物作碱剂，同时要适当增加用量。

（2）色浆中吸湿剂的影响。一般印花都需要在色浆中添加吸湿剂，吸湿剂过多、过少都会使染料的上染率下降而影响色泽对样。吸湿剂的添加量要综合考虑纤维和糊料的吸湿性、蒸化设备和工艺等多方面的因素而确定。

（3）拔染印花色浆中的拔染剂及其他助剂的影响。拔染剂的种类和用量是否与地色及花色染料的种类、浓度匹配，影响着对地色的破坏效果和花色的着色效果，所以要针对地色和花色染料的结构性能以及浓度，结合还原剂的还原能力、还原反应条件等因素进行慎重选择。

（二）排版顺序的影响及控制

花版排列次序即各色的印制顺序不同，会得到不同的印花效果。排版顺序是否合理，会影响到印花产品色泽的对样程度。

1. 平网印花

平网印花花版排列的一般原则是，从细到粗，从深到浅；复白在前，雕白在后。遇到特殊情况，为减少某些印花疵病或配合下道工序生产工艺的要求，可酌情处理。花纹面积有大有小，大面积花型需浆量大，如果排在前面印制，由于连版刮印，极易产生压糊、框子印、刮进等疵病，从而影响精细花纹的印制效果；同理，为了保证浅色花纹的鲜艳度，一般把浅色花纹版排在后头，以防被深色花版所压；雕白在后，既可以防止拔染剂影响其他色浆的稳定性，又能保证自身花纹的轮廓清晰度。

2. 滚筒印花

滚筒印花生产过程中，经常由于传色引起色浆成分不同程度的化学变化和物理变化，造成色泽的色调变化和鲜艳度明显下降。滚筒印花花筒排列次序一般有如下两条原则。

（1）根据色浆的化学性质排列花筒。把易被破坏、抵抗力弱的色浆花筒排列在前面，将不易被破坏、抵抗力强的色浆花筒排在后面。如拉活工艺中，快磺素、快色素先印，活性染料后印；不溶性偶氮染料与活性染料同印工艺中，不溶性偶氮染料在前，活性染料在后；涂料与不溶性偶氮染料同印工艺中，不溶性偶氮染料在前，涂料在后；活性染料与可溶性还原染料同印工艺中，活性染料在前，可溶性还原染料在后；不溶性偶氮染料与酞菁染料同印工艺中，不溶性偶氮染料在前，酞菁染料在后，等等。

（2）根据印花效果排列花筒。

①由浅到深或由明到暗。花色鲜艳明亮的色泽比较娇嫩，受印制过程中传色的影响而造成色泽萎暗甚至变色的现象明显。因此，在花纹间互相脱开的情况下，花筒排列一般可由浅到深或由鲜明到深暗排列。

②由小到大。花纹面积越大，需浆量越多，传色沾污下一只花筒的情况越严重，后面花型的色泽鲜艳度受影响越大。因此，在一般情况下，总是把花纹面积小的花筒排在前面，把花纹面积较大的排在后面，满地花筒排在最后。

（三）给浆量的影响及控制

给浆量的多少影响花纹得色的浓淡程度。对于筛网印花来说，在渗透性相同的情况下，原糊的透网性好，给浆量多，则织物得色浓艳；原糊的透网性差，给浆量少，织物得色浅淡。可见原糊的透网性和渗透性共同影响着花型的得色浓淡效果。试验证明，属于塑性流动型的原糊（如淀粉醚类），其透网性好，渗透性差，织物花型的表面得色量高；近牛顿流动类型的原糊（如低含固量的海藻酸钠糊）透网性差，渗透性好，表面得色量低；属于假塑性流动型的原糊（如合成龙胶糊）透网性好，渗透性也比较好，所以虽然得浆量高，但表面得色量介于两者之间。

如前所述，所有使织物得浆量多的印制条件，都有利于花型的浓艳度，所有使织物得浆量少的印制条件，一般有利于花型的精细度。

（四）蒸化工艺的影响及控制

蒸化的目的是通过适当的工艺，使染料迁移到纤维上并固着。蒸化的主要工艺条件是温度、湿度和时间，它们影响着染料的迁移和固着，即影响着印花产品的色泽浓艳度。

湿度太低，染料发色不充分，给色量下降，浓艳度差；湿度过大，色浆渗化，影响花纹轮廓清晰度。因此，控制好蒸化湿度，对印花产品质量起着重要作用。

湿度主要取决于蒸化介质，因为饱和蒸汽与过热蒸汽相比，具有热传导系数大，含水量多，相对湿度大的优点，所以，饱和蒸汽是蒸化中最常用的介质之一。应该注意的是，蒸化采用的饱和蒸汽，应该是干饱和蒸汽，湿饱和蒸汽混有凝结水，水分过多，易造成渗化、搭色等疵病，影响花型轮廓清晰度，也影响色泽的浓艳度。过热蒸汽最大的特点是常压下能获得高温，并且加热快、能量消耗少，但由于相对湿度低，不利于染料的溶解、迁移和固着，使得花样得色浓艳度低，所以通常只用于对湿度要求不太高的印花织物的蒸化。

另外，蒸化设备和供汽方式会影响湿度，色浆中加入的吸湿剂以及蒸前给湿等也会影响湿度，从而影响色泽。

特别需要强调的是，蒸化中控制湿度，并非只是如何提高湿度，否则，花型轮廓清晰度无法保证。

五、色牢度的影响因素及控制

花色牢度的好坏是印花产品内在质量指标，必须很好地进行控制。主要影响因素有染料种类、色浆配方、蒸化及水洗工艺等。

（一）染料的最高用量

准确掌握染料的最高用量，不仅能有效提高产品的鲜艳度和色牢度，同时还能节约染料。染料的最高用量是指每100g纤维所能吸收的最多染料量（g）。这对合理确定印花染料的用量具有重要意义。因为，印花色泽要求浓艳时，"浓"不能没有限制，如果染料超量，纤维不能完全吸收，将导致浮色，影响色光和牢度。

常用的酸性、直接、中性染料在真丝绸上的最高用量一般小于3%。

涤纶织物用分散染料印制深色时，如果单用一种分散染料印花，也需掌握好其最高用量，这不仅能减少浪费，更重要的是为了减少浮色，防止水洗沾色严重，提高织物的湿处理牢度。

但是，有两个特例。一是涤纶织物用分散染料拼色印制深色花型时，可以用超过3只，甚至4~6只分子结构大小不同的分散染料进行拼色，而不必担心浮色问题。这是因为分散染料是靠填充作用上染涤纶的，而涤纶结构内部有大小不同的孔隙，所以分子结构大小不同的分散染料相拼时，表现出可加性。有时染料的总用量可高达8%。

另一个特例是涂料印花时，涂料的最高用量也没有严格限制，完全可以根据花色的需要，进行多只涂料的拼混。这是因为，涂料对纤维没有亲和力和选择性，而是靠黏合剂的作用粘贴在织物上。所以，涂料印花的色谱很全，拼色最容易。但是，涂料用量过多，相应要提高黏合剂的用量，可能会引起织物手感发硬、耐摩擦色牢度下降。

（二）合理制订染料固着工艺

对色牢度起重要作用的是染料的固着工艺。绝大部分染料的固着是通过蒸化工艺来实现的。蒸化工艺应根据印花染料的上染性能，结合织物特点和现有设备来确定。下面介绍几种有代表性的蒸化工艺。

1. 活性染料直接印花蒸化工艺

在高温和一定湿度下，活性染料在碱性介质中与纤维发生共价键结合，在键合的同时，染料还会发生部分水解，因此，蒸化温度应比染色温度高得多，蒸化时间比染色时间短得多。如一相法印花蒸化条件：温度 102~105℃；汽蒸时间，K 型 6~10min，KN 型 3~5min，M 型 2~5min；蒸化设备选用还原蒸化机或长环蒸化机。

2. 分散染料直接印花蒸化工艺

以涤纶为例，由于纤维结构紧密，用分散染料印花后，染料固着温度至少要高于纤维的玻璃化温度，所以，其蒸化温度大于120℃。可以采用的固着方法有高温高压汽蒸法、高温常压汽蒸法和热空气固色法，三种蒸化工艺性能比较见表4-2。

表4-2　三种蒸化工艺性能比较

工艺种类	常用设备	蒸化介质	蒸化温度/℃	蒸化时间/min	相对湿度	给色量	花型得色	织物手感	劳动强度	生产效率
高温高压汽蒸	圆筒式蒸化机	饱和蒸汽	125~135	30	大	高	浓艳	柔软	高	低
高温常压汽蒸	长环蒸化机	过热蒸汽	170~180	6~8	较大	较高	较艳	较好	低	高
热空气固色法	焙烘机	热空气	200	0.5~1	无	低	萎暗	差	低	高

显然，采用圆筒式蒸化机蒸化，有利于给色量和得色浓艳度的提高。这是圆筒式蒸化机利用饱和蒸汽作介质，含湿度较高，而水对涤纶有较好的增塑作用，对浆膜的膨化有促进作用，使染料的重新溶解和扩散较快，上染顺利。采用圆筒式蒸化机蒸化，由于蒸化温度不是太高，有利于扩大染料选择的范围，能实现更丰富花色的印制，同时白地升华沾色问题也可以得到解决。但是，在蒸化过程中，一定要保证蒸汽不过饱和，否则易引起花纹渗化。

采用高温高压汽蒸法，温度和时间要严加控制。涤纶的玻璃化温度为120℃，如果蒸化温度低于该温度或蒸化时间少于30min，即使在湿热状态下，染料分子也不能充分向纤维内部扩散，导致给色量下降。如果蒸化温度过高（>150℃）或蒸化时间过长，则在湿热状态下，染料容易发生水解，浆膜吸湿过度，会导致色差、渗化、搭色等疵病。蒸化条件为：箱内压力 0.14MPa；时间30min；进汽采用夹层汽和米字管，关闭底汽阀；挂绸采用 S 吊钩、双钩；排汽，大排汽 2 转，小排汽 2.5 转。

总之，为了保证花色的鲜艳度，对于小批量的涤纶轻薄织物以采用圆筒式蒸化机蒸化为宜；对于大批量涤纶印花织物，也可采用长环式蒸化机蒸化。若在色浆中加入适量固着增深剂，则能获得令人满意的效果。

3. 弱酸性染料直接印花蒸化工艺

该工艺多用于真丝绸，因织物轻薄不耐张力，批量较小，宜采用间歇式松式蒸化设备。由于印花用的弱酸性染料多为高温上染型，较高的蒸化温度便于染料溶解和向纤维内部扩散，并且适当的湿度可提高给色量和色泽浓艳度。

圆筒式蒸化机蒸化条件为：箱内压力 0.08MPa（温度约 110℃）；时间 30min；进汽采用开足米字管（进汽均匀）；挂绸采用 S 吊钩或星形架衬布卷蒸；排汽，大排汽 5 转，小排汽 2.5 转（常开）。

长环式蒸化机蒸化条件为：饱和蒸汽，温度 100~102℃，车速 10m/min。

此处，蒸化时间对色牢度和色泽鲜艳度有不同的影响。时间短，色泽鲜艳，但给色量低，色牢度不佳；时间长，给色量提高，色牢度好，但酸性染料和部分直接染料色光变暗，容易变色。这与箱内废气不能及时排放有关。

4. 真丝绸拔染印花蒸化工艺

真丝绸印花比较传统的蒸化方法是采用圆筒式蒸化机，但由于该机升温较慢，湿度大且上下不均衡，易导致眼圈和左右深浅疵病。现多用长环式蒸化机，织物不受张力，湿度、温度均匀，废气排出及时，花色鲜艳，拔染印花效果好。其蒸化条件为（长环式蒸化机）：热源采用饱和蒸汽，温度 102~105℃，车速 10~12m/min。

（三）水洗固色工艺的影响及控制

水洗主要是洗去浮色和糊料，水洗效果关系到印花织物的整体外观质量，尤其对花色鲜艳度、色牢度、白地纯洁度有很大影响。因此，控制好水洗过程中的各有关因素，把好印花生产的最后一道质量关也是非常重要的。

洗净浮色是水洗对色牢度的保证，高温洗涤是从纤维上快速彻底地洗除糊料、助剂和未固着染料最有效的方法，但高温也最容易产生白地和浅地沾色。实际生产中，洗涤与沾色这对矛盾是水洗过程中的一大难题。

对某些类别染料来说，水洗过程还肩负着对已上染纤维染料的固色任务，例如直接染料、酸性染料等，固色剂的性能、加入量、温度、时间对固色效果即对色牢度有着更大的影响。

六、涂料印花质量影响因素及控制

涂料印花工艺以其色谱齐全、工艺简单、适应范围广等突出优点而倍受印花工作者的青睐。经过人们的不断改进，产品质量也在不断提高。由于其工艺及质量影响因素不同于一般染料印花，特做专题讨论。

涂料印花产品的质量要求也包括图案的对样准确度、色泽对样准确度、图案清晰度、色泽各项牢度、块面的得色均匀度，另外还有图案处的手感。其中图案的对样准确度、色泽对样准确度、图案清晰度和块面的得色均匀度的影响因素和以上讨论的一般染料印花基本相同，而色泽各项牢度和图案处的手感影响因素则与一般染料印花有所不同。

1. 黏合剂对耐皂洗、耐摩擦、耐干洗、耐搓洗等色牢度以及对图案处手感的影响

黏合剂的性能是影响耐皂洗、耐摩擦、耐干洗、耐搓洗等色牢度以及图案处手感的主要因素，因而，选择性能优良的黏合剂是保证如上质量的关键所在。作为涂料印花的黏合剂，应具有较高的黏着力，成膜无色、透明、耐磨、耐晒、耐老化、耐干洗溶剂，具有较高的化学稳定性，皮膜手感柔软、有弹性，结膜性能好（即室温下不结膜、耐寒，高温下结膜快、不发黏，结膜过程中不产生有害物质），不粘印花设施，便于清洗。然而，事实上黏合剂的成膜手感与耐摩擦色牢度一直是一对难以解决的矛盾，注重了手感，则往往耐摩擦色牢度不够理想，注重了色牢度，又带来了手感问题。解决好这一矛盾，将意味着对涂料印花工艺的重大突破。

黏合剂的用量也是影响耐皂洗、耐摩擦、耐干洗、耐搓洗等色牢度以及图案处手感的重要因素，用量大，耐皂洗、耐摩擦、耐干洗、耐搓洗等色牢度好，但图案处的手感可能就差，所以要控制黏合剂的合适用量：当印制深色涂料花纹（如涂料用量>1.5%）和耐摩擦色牢度要求高的花型时，黏合剂用量要相应提高。当色牢度和手感矛盾突出难以通过调节黏合剂的用量来解决时，可以在色浆中加入专用固色剂或手感改进剂来调和。

2. 涂料对耐日晒色牢度、耐气候色牢度及色泽鲜艳度的影响

耐日晒色牢度、耐气候色牢度及色泽鲜艳度的好坏主要取决于涂料本身的性能。

印花用的涂料与产品的色牢度和鲜艳度有密切关系的主要性能是遮盖力和着色力。印花要求涂料有较高的耐光、耐热性能，有良好的化学稳定性（耐酸、耐碱、耐溶剂、耐氧化剂等），较大的遮盖力，较强的着色力，适当的密度。

3. 增稠剂对手感的影响

增稠剂的性能对印制清晰度、块面均匀度的影响与原糊在这方面的影响相同，而对手感的影响则不同。因为涂料印花不通过水洗工序，增稠剂不能通过水洗去除，所以增稠剂如果固含量高就会严重影响手感。

4. 焙烘工艺的影响

焙烘的温度和时间影响着黏合剂的交联反应程度，进而影响着耐摩擦等色牢度，所以焙烘的温度和时间要保证黏合剂能充分反应。

七、数码印花质量影响因素及控制

数码印花是一种将纺织品印花技术与现代信息技术、机械自动化技术、化学技术相结合的新型印染技术，代表着印染行业产业升级的方向。数码印花适用面料范围广泛，可用于棉、麻、黏胶、蚕丝、羊毛、涤纶、锦纶等各类纤维织物的印花，但不同纤维数码印花工艺有所区别。

随着工业级数码印花设备的出现，关于数码印花的质量控制更加科学、细化。影响数码印花质量的因素较多，包括花型设计质感或原稿质量、坯布品质、织物前处理质量、上浆工艺、印花设备和喷头、墨水品质、环境温度和湿度、后处理工艺等。数码印花质量控制要点主要有以下几个方面。

（一）原稿

数码印花原稿有很多来源，可以是计算机或手绘等方式设计的图稿，也可以是通过相机拍摄或扫描仪扫描得到的图案，但并非所有的图案都能制作出高质量的数码印花产品。数码印花图案要在保持原尺寸不变的前提下，分辨率高于150dpi，最低不能小于100dpi。数码印花的花型设计要结合面料特征，图案风格要与面料的纤维材料、经纬密、组织结构等相匹配。在数码印花产品开发初始阶段，花型设计的图案清晰度要高，色彩饱和度要好。

（二）坯布和前处理

数码印花过程中要求墨水能被织物迅速吸收，同时保持花纹轮廓清晰，这对喷印底物提出更高要求。以全棉织物数码印花为例，一要选择等级好的棉纱和合理织造工艺的坯布，保证喷印均匀性。二要选择质量好的坯布，加强烧毛、煮练等前处理，避免由于竹节纱、棉粒头等引起白点、浅茎等问题；半成品毛边不能过长，以免引起停机甚至擦损喷头。

数码印花相比传统印花，对织物前处理质量要求更高。织物烧毛后表面光洁度要高，无线头、绒毛等；煮练匀透，无污渍，毛效要大于8cm/30min；白度一致，水洗干净。由于数码印花设备上无整纬装置，一定要严格控制所用织物纬斜，一般纬斜要小于2%。另外，不同纤维或同类纤维不同组织结构的织物对最终得色影响很大，在实际生产中要结合织物特点分别进行调色，形成各自的标准ICC色彩管理曲线。

（三）上浆预处理

为了减少对喷头的腐蚀和堵塞，印花需要用的助剂无法添加到墨水中，而需在印前上浆预处理时整理到织物上。上浆处理时主要关注以下几个方面：

（1）上浆前要综合考虑成本及印制质量，合理选用上浆用糊料、助剂。

（2）上浆要均匀，上浆后得色量要高、不渗化，织物受环境湿度影响小。

（3）根据不同的墨水类型，上浆预处理主要有以下几种。

①活性墨水：浆料须包含糊料、碱性pH调节剂、吸湿剂等。

②酸性墨水：浆料须包含糊料、酸性pH调节剂、吸湿剂等。

③分散直喷墨水：浆料须包含糊料、酸性pH调节剂，另外，如果后处理用汽蒸法发色，可适当添加吸湿剂。

④分散热升华墨水：使用热转移印花时，面料不需要做上浆处理。

⑤涂料墨水：预处理主要用和墨水相配套的前处理液。

浆料中的各个组分在印花过程中有不同的作用，都会影响最终的印花品质，如糊料作用是保证花型的精细度、pH调节剂提供染料上染纤维需要的酸性或碱性环境、吸湿剂保证在汽蒸发色时布面有充足的水分等，企业要加强上浆工艺研究，合理选用上浆方式和设备，优化工艺。

（四）数码印花设备和喷头

数码印花机对印花产品品质的影响是最直接易见的，随着数码印花行业的快速发展，目前市场上的数码印花机种类繁多，企业应根据所需加工的面料类型、配套工艺等选择合适的机型，主要可以从以下几个方面考虑。

（1）机器类型。如打纸机、开槽机、导带机等，打纸机主要用来做涤纶面料的热转移印花，开槽机和导带机都用来做直喷印花，开槽机适合精度要求不高的产品，导带机适合精度要求高的产品。

（2）喷头类型。喷头是数码印花设备中最核心的部分，目前主流喷头主要有"爱普生""京瓷""理光""星光"等，不同类型喷头适合不同的面料及方案，如"京瓷"喷头适合高精度的服装面料，"星光"喷头适合长毛绒面料及地毯等。

（3）喷头数量。喷头数量会影响印花的生产速度以及墨水的配色方案。

（4）设备品牌。目前国产机器发展迅速，性价比高且售后服务完善，进口机在整体稳定性上略占优势，但成本较高，售后服务相对滞后。

选定印花设备后，在实际生产过程中，应时刻关注喷头状态，如喷头是否断墨缺帧、喷头高度是否合适等。另外，机器本身参数的校准也会对印花品质产生影响，如步进的校准、双向喷印的校准、波形的匹配等。另外，数码印花设备的维护成本相对来说是较高的，在实际生产应用中要综合考虑喷印速度和维护成本的矛盾。同时一定要注意设备与墨水、喷头等耗材、配件的配套使用。

（五）墨水品质与打印现场的温度和湿度

配套墨水要有匹配的波形，匹配的物理参数，宽广的色域，稳定一致的品质，才能确保打印的流畅，色彩还原的准确。好品质的墨水，不但能保证有好的打印质量，也能减少喷头的损耗，降低全流程成本。

多数数码印花设备厂商为方便维护管理，要求用专门配套的墨水，有些指定供应商或品牌，有些只限定设备商自己配套。

喷头是数码印花全流程最昂贵的耗材，它对工作环境要求苛刻，一般要求温度 20~30℃，湿度 35%~65%，空气干净无杂质。

数码印花现场环境能否达到喷头适宜的工作条件，既影响打印品质，也影响喷头寿命。

（六）后处理

织物经数码印花后，一般都需要通过后处理使染料发色、固着。根据墨水类型不同，后处理的方法也不同。

（1）活性墨水。汽蒸法发色，100~102℃下蒸化 8~10min，蒸化的温度、时间、蒸化机的湿度等都会对发色效果产生影响。

（2）酸性墨水。汽蒸法发色，100~102℃下蒸化 25~35min，蒸化的温度、时间、蒸化机的湿度等都会对发色效果产生影响。

（3）分散墨水。可以采用焙烘发色，180~220℃下焙烘 0.5~1min；也可以采用汽蒸法发色，其中汽蒸法发色又可以分为高压汽蒸（125~130℃，25~30min）和常压汽蒸（170~180℃，4~10min）。

（4）涂料墨水。一般是采用焙烘固色，150~160℃下焙烘 3~5min。

蒸化时要选用专用蒸化设备，同时蒸箱内上下温差不能太大，以保证蒸化均匀。不同的面料要采取不同的水洗工艺，保证最佳的水洗效果，防止沾色。

总之，提高企业竞争力的关键在于用人。数码印花行业需要的是既懂染整专业知识，也具备艺术设计、计算机专业和机械自动化相关知识技能的复合型人才。在实际工作中既要熟练掌握数码印花设备操作，还需要具备一定的花型设计和色彩管理技能，同时熟悉墨水特性、面料特征、软硬件设备及相互之间的关系。

任务三 印花产品常见疵病分析

【学习任务】

熟悉印花产品常见疵病的形态、产生原因及克服办法。

印花工艺设备不同，所产生的印花疵病有一些差别。下面从平网印花、圆网印花、滚筒印花、数码印花四个方面，分别介绍印花产品加工过程中经常出现的疵病名称、形态、产生原因及克服方法。由于印花疵点绝大多数难以修复，因此要想提高产品质量，生产中应贯彻预防为主的原则，设法提高操作者的工作质量和技术水平。

一、平网印花中常见疵病

大多数印花疵点产生于多个工序，前面已经出现的疵点，后面不再赘述。

（一）制版造成的疵病

1. 塞煞（堵版）

（1）疵病形态。布面上所印花型残缺不全，颜色断续不匀。如轮廓不清、断茎、泥点不全、块面模糊等。

（2）产生原因。

①黑白稿黑度不够，遮盖不严，导致一定程度曝光而堵网。

②冲花时，冲洗不净，使花型处留有部分感光胶。

③坯布表面不清洁，使茸毛类杂质粘在花版上，导致堵网。

④色浆中有杂质，导致给浆不匀。

⑤涂料印花，收浆不净或停印时间过长，黏合剂轻度交联而堵网。

⑥手工台板印花时，台板温度过高，印制速度太慢，色浆在筛网上干燥而堵网。

（3）克服办法。

①选用遮盖力强的描稿墨汁。

②冲花要认真、细致。

③加强半制品的前处理，印花前要进行检查。绒毛过多的织物，可先经烧毛处理。

④印花前认真检查花版，尤其注意有无堵版现象。发现堵网，及时处理。调制色浆时，原糊要过滤。如果色浆放置后有结皮等现象，经过滤后方可上机。

⑤涂料印花应选用常温下不易交联的粘合剂，如专用的网印粘合剂。印制中发现堵网，要及时清理。

⑥在热台板上印制精细花纹时，要勤洗版。一般花样刮至两头时，要在湿布上多刮几个空版，然后继续印制。

2. 砂眼

（1）疵病形态。布面上呈现有规律的、如沙子大小的异色点子。与塞煞的形态相反。

（2）产生原因。

①筛网涂感光胶前清洗不净，沾有污物，影响感光胶的正常感光。

②黑白稿上有污物或非花型部位有墨迹。

③感光胶有气泡或涂布不当产生气泡。

④感光时，曝光不足或感光胶固化不充分，或冲花过猛，把非花型处感光胶冲坏。

（3）克服办法。

①严格执行各制版工序的技术要求。检查、校对时要全面、仔细，修补要认真、彻底。

②印花过程中，要加强布面巡回检查，发现砂眼，及时修补。

3. 漏浆

（1）疵病形态。布面上每隔一定距离呈现有规律的异色色条、色块或色斑。这是生产中经常出现的疵病。

（2）产生原因。

①花版上感光胶脱落。

②制版后版没修到。

③花版损伤产生破洞。

④贴边不牢固。

（3）克服办法。

①制版时，要将筛网清洗干净后再上感光胶，并且感光胶固化要充分。

②修版时要仔细、全面。

③绷网后贴边要坚牢。

④生产中加强巡查，出现漏浆时要及时补修。

4. 套歪与露白

（1）疵病形态。对花不准，花型脱格，即为套歪。花与花连接处呈现不应有的白底，即为露白。

（2）产生原因。

①筛网有伸缩或绷网时张力不匀。

②黑白稿伸缩性能不一致，或未按标准线校对好全套片基。

③黑白稿接版处复色过窄。

④对花装置没校正好，导致惯性套歪。

⑤坯布吸湿膨化太大。

⑥贴绸不牢，织物印花时随刮刀发生移动。

⑦手工台板印花时，花版的标准眼不准，或套出标准眼，或台板温度过高使印花处起皱，或台板规矩眼磨损等。

（3）克服办法。

①选择形态稳定、不易变形、适用性强、弹性适中的筛框、筛网作绷网材料。

②一套描稿片基应选用同一批号，并且按同一方向裁剪片基，标准线要对正。黑白稿接版处，复色要适当，勿过窄。

③在同类印花设备中，选择对花精度高的设备。

④对于吸湿性大的织物，可蒸前受潮后再印花，以保证贴绸牢固；锦纶织物印花时，应在印花前进行预定形，以稳定织物形态，防止吸湿变形。

⑤加强导带清洗，清除表面杂质。如果贴布浆失效，则用丙酮洗刷或重新上贴布浆。

⑥手工台板印花时，印制前要校正好花版的花位，发现台板规矩眼磨损，要及时调换。

5. 多花与漏花

（1）疵病形态。布面上呈现与原稿精神不完全相符的花样，比原稿花样多的即为多花，比原稿花样少的即为漏花。

（2）产生原因。

①所描黑白稿不符合原稿，检查时遗漏未改正。

②制版涂接版口时，涂掉了应有的花型。

（3）克服办法。全面校对，认真修正，难以修改者，要重新描稿或制版。

6. 叠版印

（1）疵病形态。花版接版处的花型重叠，呈现深色的接版痕迹。

（2）产生原因。

①开路不当，或空地和几何花型接版时，为避免露白而叠版过多。

②丝网伸缩。

③规矩眼或撞块磨损。

（3）克服办法。

①正确开路。

②花版感光后，仔细校对，并将叠版部分修正到最小程度。

③绷网时，丝网要拉紧，张力要均匀，尽量不用易变形的锦纶网，而采用伸缩小的涤纶丝网。

④修正规矩眼和撞块。

（二）色浆造成的病疵

1. 眼圈

（1）疵病形态。在拔染印花的布面上，花型边缘呈现不应有的白圈或色圈。

（2）产生原因。

①拔染剂（氯化亚锡或雕白粉）用量过多。

②色浆太稀或其中吸湿剂过量。

③手工台板印花时，贴绸未干就开始印花。

④蒸化时蒸箱内湿度过大或衬布太潮。

（3）克服办法。

①拔染剂用量要适当，不能盲目追求拔净的效果，否则，会严重影响织物的强力；或者改换拔染剂种类，采用吸湿性小的品种。

②选用抱水性好的原糊，并根据季节、气候变化随时调节吸湿剂的用量。

③蒸化前箱体应预热，延长大排气的时间，排尽箱内冷空气；所用衬布要洁净、干燥；严格控制箱内湿度和压力，关掉底汽，保持箱内压力≥0.25MPa。

④采用门式蒸化机蒸化，以减轻眼圈。

2. 雕色不清

（1）疵病形态。拔染花型中掺杂着地色，使花色不清或不鲜艳。一般地色深、拔染块面较大的较为明显。

（2）产生原因。

①拔染剂用量不足，破坏地色不够彻底。

②地色染料选用不当，如染料不易被还原、易被分解物带色且对纤维亲和力较高，或染地色后采用了固色工序等。

③花版用久发毛或洗版不干净。

④印拔染浆时，给浆不匀。

⑤印花后未及时蒸化或蒸化条件不当，如蒸化压力不足、时间过短、温度和湿度不稳定等。

（3）克服办法。

①事先测定拔染剂的用量与 pH，拔染浆随配随用，发现用量不足要及时补充。

②选用易拔、分解物易洗除的染料染地色，染色后不固色。

③用花版前认真检查、洗版，若严重发毛，应及时更换新版。

④调整刮刀角度、压力，使给浆均匀。

⑤印花后要及时蒸化，并控制好蒸化工艺条件。

3. 色点

（1）疵病形态。布面上呈现不应有的同色或异色点子。

（2）产生原因。

①染料溶解不完全。

②原糊太稀或太黏。

③网框绷得不紧。

④手工台板印花，掀花版时动作太快或用力太重使色浆溅出。

⑤其他染料的飞落。

（3）克服办法。

①调浆时要将染料充分溶解后滤入原糊中。对于难溶染料可适当加些助溶剂或扩散剂，以帮助溶解或分散。色浆调好后不要久置，以防染料分子重新聚集。

②原糊黏度要适中，调浆时搅拌要均匀。

③绷网时要松紧得当。

④调浆、印花要隔离操作，防止异色染料吹落到布面上。

⑤手工刮印时，起版动作要轻而直。

4. 地色不匀与花色不匀

（1）疵病形态。布面地部或花部有色泽深浅的斑渍。

（2）产生原因。

①脱胶不匀，有蜡渍或出水不清。

②色浆渗透不良。

③拔染印花地色染料选用不当或拔染剂用量过少。

④台面不平或粗糙，软硬程度明显不等（多出现在手工台板印花中）。

⑤刮印压力不匀或刮刀刀口不平。

（3）克服办法。

①坯绸应练熟，脱胶要均匀，水洗要干净。绉类织物印制块面花型时，应先轧平、拉幅后再印花。

②对吸湿性差的织物或在色浆渗透性不良的情况下，可在色浆中加入适量的渗透剂。

③拔染印花时，要根据拔染剂的还原能力正确选择地色染料；根据地色的深浅和花型面积的大小，经过打样试验来确定拔染剂的合适用量。

④要保持台面平整、光滑、洁净，发现磨损，及时修补。

⑤根据花型选用刮刀刀口，刀口应平直、左右角度相等、往复刮印压力一致。

5. 化开与进水箱

（1）疵病形态。花型的色泽向四周渗化，造成花型轮廓模糊不清。如果织物大面积化开，则称为进水箱。

（2）产生原因。

①色浆太稀，水分渗化，导致染料泳移。

②原糊抱水性差。如用淀粉糊印制涤纶仿真丝织物，就极易产生化开。

③坯布含湿过大。

④花版洗后没有擦干。

⑤蒸化时，蒸箱内湿度过大，或衬布太湿，或蒸前给湿过多。

⑥机械失灵，织物印花后随导带进入水箱。

⑦出布张力调节不当，织物被带入水箱。

（3）克服办法。

①不同织物对色浆黏度有不同的要求，印花前要刮色标检验。色浆太稠，难以印制，色浆太稀则易产生化开。

②调制色浆时，要选用抱水性好的原糊。对于抱水性差的，可用混合糊代替，或更换原糊品种。忌投入生产时再调换原糊，影响正常生产。

③印花一般要做到"三干燥"，即印花导带干燥、印花织物干燥、花框干燥。

④织物蒸化前需要给湿的，要采用喷雾方式均匀给湿。蒸化时，衬布要干燥，并控制好箱内的湿度。

⑤若机械失灵，应立即检查机械，及时修理。

⑥调节出布张力，使印花织物及时与导带分离。

6. 涂料脱落

（1）疵病形态。布面上涂料呈不规则脱落，使花型模糊、不完整。

（2）产生原因。

①黏合剂选用不当、变质或黏着性较差。

②坯布表面太光滑或有油污，影响色浆的正常黏着。

③手工印花时，印后绸面烘得过燥，揭绸用力过猛，速度太快。

（3）克服办法。

①调浆要少而勤，尤其在夏季，以防变质。

②印花织物前处理要达标。要结合印花织物特点，合理选择黏合剂。对于表面特别光滑的织物，应选择黏着性强的黏合剂。

③热台板印花，最好采用卷掀方式揭绸。

7. 涂料复色不清

（1）疵病形态。布面涂料上的复色花型模糊，层次不清。

（2）产生原因。

①涂料色浆黏度不够。

②复色涂料选择不当。

③印制时前后两套花版的间隔距离太近，前套色浆未干又叠印上了复色色浆，引起压糊。

（3）克服办法。

①涂料色浆要少配、勤配，正确确定黏合剂、增稠剂的用量。

②调整复色涂料色浆的配方，提高其遮盖力。

③尽可能拉大前后两花版的印制间隔。

（三）印制造成的疵病

1. 框子印

（1）疵病形态。布面纬向呈现有规律的、色泽深浅不一的直条色痕，疵病间距与花框宽度相同。这是冷台板印花中常见的疵病之一。

（2）产生原因。

①花框底部边缘沾有色浆。

②花框贴边处有缝隙，引起色浆渗漏。

③刮刀刀口、角度等不符合要求，给浆浆层太厚。

④连版刮印，前套版印花后色浆未干，后套版随即又印上。

（3）克服办法。

①保持花框底部的清洁、干燥。选用底部倾斜（0.5cm）的框架，以有效地减轻框子印的宽度。

②花框贴边要牢。

③调整好刮刀的刀口、角度、速度、压力等指标，使收浆干净。

④尽可能拉大花版间距。

2. 搭脱（压糊）

（1）疵病形态。部分花型被压成似气孔状，色泽深浅不匀，轮廓不清。

（2）产生原因。

①连版刮印，第一版花浆未干，第二版又压上，把第一版花浆压坏。尤其易发生在两套花版的接版口处：一种情况是接版时产生压糊（同一花型自己压自己）；另一种情况是套印时后一版压前一版。套印次数越多，压糊就越严重。

②刮刀刮印指标不适当，收浆不净，浆层太厚。

（3）克服办法。

①调整刮刀，增大刮印压力和刮印角度，保证给浆浆层薄，收浆干净。

②拉大花版间距离并加用吹风、烘燥装置。

③如果可能，调换花版印制次序，减少受压次数。

④可降低原糊的含固量或改换原糊种类，以减薄浆层厚度。

⑤在不改变原稿精神的原则下，尽量减少黑白稿的套数。

3. 刮进

（1）疵病形态。浅色花型中带入了深色浆或异色色浆，导致色萎。这是网印中最常见的疵病之一。

（2）产生原因。

①深色花型块面较大，给浆浆层厚，刮印时使其扩大了面积，进入浅色花型边缘。

②刮刀压力过大，把深色花浆赶入浅色花型内。

③花版拦边拦得不准确。

（3）克服办法。

①在不影响花型和复色的前提下，调换花版印制次序，呈先浅后深排列。

②调换刮刀或调整刮刀压力，使色浆收得更干净。

③按印花织物门幅大小拦好花版。

④拉大花版印制间距。

4. 渗进

（1）疵病形态。深色花型颜色渗入浅色花型内。

（2）产生原因。

①前套深色花浆未干就盖上后套浅色花浆，造成深颜色的渗进。

②色浆太稀，黏度达不到要求。

（3）克服办法。

①在不影响印制效果的同时，可改变前后花版的印制次序。

②拉大花版间距离。

③原糊的含固量、色浆的黏度要适中。

5. 拖版（毛边）

（1）疵病形态。花型边缘的一侧带有不应有的颜色或边缘发毛、不清晰。

（2）产生原因。

①贴绸不牢，导带运行时绸面与花版有摩擦。

②花版上的规矩没钉牢，使花版移动。

③手工印花时，花版没掀起就移动，把花浆脱开。

（3）克服办法。

①检查导带表面黏性，若贴布浆失效，应及时洗除、重涂，保证贴绸平、直、牢。

②花版上的规矩要钉牢，保证花版在印制中不移动，并控制好升降架的速度。

③手工印花时，起版需成一定角度（一般10°），应先起花版后移动脚步。

6. 双茎

（1）疵病形态。花型边缘呈现双层线条，有时其中之一不十分清晰。

（2）产生原因。

①花版筛网张力不足，在升降架起落时有回弹。

②同机印花的各花版刮印不同步。

③花版规矩钉不牢，来回动。

（3）克服办法。

①绷网要紧，经纬压力达到标准，同一花稿各套版的绷网条件要一致。

②调整好刮印参数，使前后各版的刮刀同步运行。

③钉牢花版规矩，规矩眼、规矩块有磨损的要及时更换。

7. 粗细茎

（1）疵病形态。花型中的泥点、线条呈现粗细不匀。

（2）产生原因。

①所制花版有粗有细。

②双刃刮刀中的两个刀口不一致或刮刀左右压力不一致。

（3）克服办法。

①仔细检查花版，进行试样，发现粗细茎及时修复、更换。

②使双刃刮刀的四个指标保持一致。

8. 弯曲（花斜）

（1）疵病形态。绸面纬向花型、条格歪斜或呈波浪形。

（2）产生原因。

①入绸不正或贴绸不正。

②半制品纬斜，印花后经整理产生花斜。

③缝头不直。

（3）克服办法。

①入绸要时刻注意，发现不正，及时调整自动整纬装置，保证其正常工作。

②半制品已经纬斜时，要重新整理好后再印花，尤其是印制几何图案时。

③严格执行缝头工艺操作要求。

9. 泡

（1）疵病形态。绸面上花型部分呈现颜色较浅的泡粒点。泡多数出现在绸面两边。

（2）产生原因。

①坯绸小边过厚或台板两边高低不平。

②色浆渗透性差或坯绸吸湿性差。

③花框高低不平。

④刮印时刮刀压力不够或刀口形状、角度不当。

（3）克服办法。

①如果可以挑选的话，选择小边不厚的坯绸印制块面花型。

②对易起泡的色浆，可加入适量渗透剂或消泡剂。

③花框高低要平整。

④根据花型块面大小，合理选择刮刀的刀口和刮印压力、角度。

⑤对容易起泡的织物，可先经轧平、拉幅整理后再印花。

10. 糊边

（1）疵病形态。在绸边上呈现不应有的无规则色块。

（2）产生原因。

①花版上加浆过多，溅出后被后套花版压到绸边上。

②花版拦边拦得不好，堵边孔隙太大，尤其是大面积花型。

（3）克服办法。

①印花中加浆要少加、勤加。

②控制好堵版孔隙。

11. 花痕

（1）疵病形态。织物的反面呈现与正面相同的花色痕迹，影响织物正面外观。

（2）产生原因。

①导带或台面洗刷不净，沾污织物反面，后经蒸化固着于织物上。

②水洗装置失灵，使导带带水。

（3）克服办法。检查洗涤装置是否正常工作（尤其是刮刀），发现问题及时解决，保证导带干净。

12. 色皱印与白皱印

（1）疵病形态。花型或地色上有不规则的深浅色条痕，即为色皱印；花型或地色上有不规则的、未印上花色的条痕，即为白皱印。

（2）产生原因。

①贴绸不平挺，有折皱。

②贴绸不牢，坯绸缩脱起皱。

③坯绸边松或边紧，贴绸起皱、重叠，印花后产生白皱印。

④坯绸缝头不牢，引起头皱，导致织物中间起皱。

（3）克服办法。

①及时调整入布装置，保证坯绸平、挺进入导带。

②定期给导带上贴布浆，保证贴绸牢固。

13. 刮刀印

（1）疵病形态。绸面纬向呈现有规律的深色直条印。

（2）产生原因。刮刀刀口不平直，有缺口。

（3）克服办法。刮刀刀口要光滑、平直。

14. 回浆印

（1）疵病形态。绸面纬向呈现有规则的较深颜色的细条痕。

（2）产生原因。

①刮印时收浆不净。

②色浆内有杂质。

③色浆曳丝太大，引起拖刀。

④色浆加得太多。

⑤刮刀刀口、角度不合适。

（3）克服办法。

①根据花型选择刮刀，使收浆干净。

②色浆黏度要适中，可拼入曳丝性小的原糊，减轻拖刀，色浆用前要过滤。

③加浆要少加、勤加。

15. 接版深浅

（1）疵病形态。绸面上接版处色泽有深浅。一般出现在手工印花产品中。

（2）产生原因。刮印时花版间压力不一致，或坯绸干湿不匀。

（3）克服办法。

①坯绸贴好，干透后才能印花。

②刮印时，左右手压力要均匀，刮刀角度要一致。

16. 跳版深浅

（1）疵病形态。绸面上版与版之间色泽深浅有差异。一般出现在手工印花产品中。

（2）产生原因。

①手工印花时，中途换人或中途补浆。

②台板温度不恒定。

③贴绸未干透就刮印。

（3）克服办法。

①做好印前准备工作，由1人完成1色的印制，中途不得换人或补浆。

②控制台板温度基本恒定不变。

③贴绸干透后再印花。

（四）蒸化造成的疵病

1. 搭色（搭开）

（1）疵病形态。绸面上呈现花色或地色部分无规律地相互沾染的疵点，这是圆筒蒸箱蒸化的常见疵病。

（2）产生原因。

①蒸化时衬布太湿、不清洁或有破洞，而搭在绸面上。

②蒸化时湿度过大，绸面相互有接触。

③蒸化完毕织物出箱后，还未冷却即堆放在一起。

④染料浓度过高、色牢度差或吸湿剂过量。

⑤拔染印花后未及时蒸化。

⑥水洗温度过高、加工织物过量或退浆不净，就进行固色处理。

⑦水洗后未及时整理。

（3）克服办法。

①蒸化衬布要洗净、补好、烘干后再使用。

②控制好蒸化箱内的湿度，箱内织物容量勿过多，尤其是采用圆筒蒸箱蒸化时。

③蒸化后的织物要冷却后再进行水洗。

④尽可能选用色牢度较高的染料品种，并掌握好染料的最高用量。

⑤拔染印花织物，印花后要及时蒸化，尤其是在阴雨天气。

⑥水洗遵循冷洗、温洗、热洗、冷洗的规律，并且一定要退净浆后再固色。

⑦水洗后要及时整理。

2. 花色深浅、地色深浅、左右深浅、前后深浅

（1）疵病形态。布面上的花色或地色，在左右或前后两端的色泽有深浅差异。

（2）产生原因。

①采用圆筒蒸箱蒸化，由于箱内上、下部分湿度不一，极易使印花织物产生左右深浅。另外，进汽不稳、时间过短、挂绸疏密不一、蒸前给湿不匀等也会引起布面深浅不一现象。

②色浆中使用了稳定性差的染料，尤其是对湿度或温度特别敏感的染料。

③印制时，刮刀角度、压力不一致或花版支架不平。

（3）克服办法。

①严格执行圆筒蒸箱蒸化的技术要求：供汽正常、平稳，衬布松紧适度，挂绸量适中，

疏密松紧一致，蒸前给湿均匀。对于深浅严重不匀者，应掉头再蒸一次。

②选用稳定性能较好的染料。

③上机前要调整好刮刀和花版支架，要随时检查、修正。

3. 印花水渍

（1）疵病形态。绸面上部分花型呈现不规则渗化，甚至模糊不清。

（2）产生原因。蒸化前绸面上滴有水滴，圆筒蒸箱内顶部没罩衬布或顶部衬布有破洞。

（3）克服办法。

①织物印花完毕，应放置在没有雾、湿气的干燥场所，以防水滴。

②蒸化前，要预热箱体并排净箱内废气和冷凝水。

③及时更换围布、围条、盖布，连续蒸化机要防止顶部积水滴落，并经常注意印花织物进出口的情况。

④蒸化完毕，要及时吊出箱外，防止冷凝水滴落。

（五）水洗造成的疵病

1. 翻丝

（1）疵病形态。绸匹背面的丝翻到正面来，呈现一根一根的浅色丝，多出现在真丝织物上。

（2）产生原因。

①织物在平幅水洗机上水洗时被擦伤。

②印花色浆渗透性差。

（3）克服办法。

①及时清除平洗机上的杂物。

②采取措施，提高印花色浆的渗透性。

2. 拖皱印

（1）疵病形态。绸面经向呈现不规则的细皱印，一般产生在绳状水洗机水洗的真丝绸上。

（2）产生原因。绳状水洗时，浴比过小，时间过长。

（3）克服办法。绳状水洗要适度，不宜绳状水洗的印花绸应选用平幅方式水洗。

3. 白地不白

（1）疵病形态。白地印花织物的白地发灰、不净。该疵病产生的原因很多，但水洗是最易产生白地不白的过程，尤其是采用绳状水洗设备水洗时。

（2）产生原因。

①绳状水洗时，浴比太小，连缸次数过多。

②同一织物上，花型大小、色泽对比较大，难以掌握。

③固色、退浆温度过高，或虽然温度不高，但水洗时间过长。

（3）克服办法。

①加大水洗浴比，减少连缸次数。

②禁止不同花色品种同浴水洗。

③灵活掌握水洗、固色的温度和时间，尽可能减少温度的跳跃式变化。

④采取平幅水洗或先平洗后绳洗的方式，既防止白地沾色，又可降低对织物的张力。

⑤根据不同花色染料的特点，适当加入助剂，提高水洗效率和质量。

4. 沾色

（1）疵病形态。布面上呈现不应有的、有规律或无规律的色点或色渍。

（2）产生原因。

①色浆溅出。

②花版拖动。

③导辊所沾（印花、蒸化、水洗设备中有若干的上下导辊）。

④烘箱中有杂物（如灰尘、色点等）。

⑤半制品已被沾污。

⑥沾油（各种设备均带油）。

⑦沾土、设备不净、织物拖地等。

（3）克服办法。提高质量意识，增强责任感，文明生产，搞好卫生。

二、圆网印花中常见疵病

（一）感光制版疵病

圆网制版时，由于感光胶液和操作不当产生的疵病有许多，常见的有以下几种。

1. 胶层涂布不匀或发生丝流

（1）产生原因。

①感光胶液配制不当。工业用重铬酸铵混入了不溶性杂物，溶解后未过滤就掉入感光胶液中或感光胶存放过久，自身聚合结膜。

②橡皮刮环刀口黏附胶膜或其他尘杂未清洗干净；或刮环刀口毛糙不光，使胶层涂布时发生丝流。

③圆网未能复圆，使感光胶涂得瘪部厚、突部薄。

④圆网镍层厚度不够，在涂感光胶时会形成圆网壁的偏移，造成胶层厚薄不匀。

⑤圆网不净或清洗后未充分干燥，影响胶层的黏着，形成局部性厚薄不匀。

⑥刮胶时，刮环速度快慢不一。

（2）克服办法。

①将化学纯的重铬酸铵过滤后缓缓加入胶液中，防止胶液局部光敏化聚合而发生脱水现象。

②涂感光胶时，必须将橡皮刮环洗涤干净或用水砂纸磨光刀口。

③一旦发现涂布不匀，应除去胶层重新复圆后再刮感光胶。

④镍层厚度<0.075mm时，应将其报废。

⑤必须将圆网清洗干净并充分干燥后再涂感光胶。

⑥控制好刮胶速度，保持刮环均速水平上升。

2. 感光胶液流入圆网内壁

（1）产生原因。

①感光胶液黏度太低，失去堵塞网孔的表面张力，而流入网孔内壁，形成内壁胶层，影响表面胶层的均匀性。印花时，内壁胶层受刮刀直接摩擦而脱落，引起多花（砂眼）疵病。

②橡皮刮环硬度不够，涂胶时易发生变形，造成胶液流入圆网网孔内壁。

③圆网复圆不良，涂层厚处不仅会发生丝流，还会流入网孔内壁，影响胶层质量。

（2）克服办法。

①严格掌握感光胶液的黏度，经测定，胶液黏度以 2.0~2.1Pa·s 为宜。

②刮环的硬度以肖氏硬度 65~70 为宜。

③除去胶层，重新复原后再刮感光胶。

3. 曝光后黑白稿片与圆网粘连

（1）产生原因。

①圆网涂感光胶液后，低温烘干时间过短，胶层中的水分和溶剂未完全蒸发。曝光时温度升高，这些剩余的水分和溶剂蒸发，胶层发黏粘住黑白稿，由此会引起胶层剥落现象。

②感光室内空气湿度过高，使黑白稿与圆网粘连。

③圆网在包覆黑白稿片之前，没有涂敷滑石粉。

（2）克服办法。

①控制好低温烘干条件，既要使所有水分和溶剂完全蒸发，又要保证不会过烘。

②圆网曝光的暗室应保持恒温恒湿（一般为 25℃，相对湿度 65%~70%）。

③圆网曝光之前，应在表面均匀涂敷滑石粉，防止黑白稿粘连。

4. 圆网曝光后显影不良

（1）产生原因。

①圆网上胶后低温烘干时间过长或温度过高，使胶液发生初步聚合，影响显影时花纹处未曝光胶层的水溶性，引起堵网。

②曝光不足。感光胶层未能充分进行光化学反应，聚合不完全。当浸水显影时，非花型部位的胶层也发生扩散、溶解，甚至导致整个圆网胶层剥落。

③感光胶液中光敏剂重铬酸铵用量过多，产生过度光敏化，使花型部位的胶层也难以扩散、溶解，从而堵塞网孔。

（2）克服办法。

①低温烘干一般控制在 25~30℃，时间 15~20min。胶层干燥后，应立即进行曝光。

②室温 25℃，相对湿度 65%~70% 时，曝光时间的一般规律是：圆网目数越高，曝光时间越短；圆网目数越低，曝光时间越长。如果曝光没有恒温、恒湿条件，则夏天的曝光时间比冬天的短。

③光敏剂重铬酸铵用量要适当。

5. 显影时胶层产生多孔和剥落

（1）产生原因。

①上胶用橡皮刮环直径太大或橡胶太硬，造成胶液流入网孔内壁，形成"胶舌"。显影时，"胶舌"膨化，在喷洗中"胶舌"被清洗而造成多孔。

②配制感光胶液时未经消泡处理或上胶时刮环上升太快而产生气泡。经曝光后显影，含有气泡的胶层就易破裂，产生小孔（砂眼）。

③圆网表面局部不洁，影响感光胶与圆网的黏着力，在显影时，胶层脱落，呈现多孔状。

④涂布胶层太薄，经烘干后胶层收缩。机械强度差，尤其是用高压水枪冲洗时，胶层被冲击破坏，形成多孔现象。

（2）克服办法。

①选用适当硬度和直径的橡皮刮环，适当增加曝光时间。

②配制好的感光胶要过滤或真空排气，并静置 2h 后使用。涂布时，要严格控制刮环速度。

③如果胶层因不洁而部分脱落或产生多孔，应彻底冲洗剥除胶层，重新上胶。

④保证涂布胶层的适当厚度，以增强其机械强度。若手工上胶，应增加刮涂次数。

6. 高温固化后圆网胶层色泽不匀

（1）产生原因。

①圆网高温固化时，温度高，胶层色泽呈深棕色；温度低，色泽呈淡黄色。故烘箱内上下温度不一致，能引起圆网胶层的色泽不匀。

②圆网显影时，胶层吸收水分，在过度高温下固化时，水分迅速蒸发，使胶层收缩，进而产生小孔，并使胶层呈无光泽的灰白色。

（2）克服办法。

①定期检查烘箱温度，如果温差明显，则应再烘一遍。

②控制适当的固化温度。

（二）印花常见疵病

1. 刀线

（1）疵病形态。在印花织物的某个经向部位，呈现深浅宽条状刀线。刀线在疵布中出现的概率较大。

（2）产生原因。

①印花刮刀质量不好，刀片不耐磨、弯曲、被碰撞卷刃。

②刮刀在圆网内接触不良，造成色浆不匀。

③圆网内壁表面局部不够光洁，使刀口受损，给浆不匀。

④色浆中糊料未充分膨化、有硬物混入或涂料色浆中黏合剂选用不当，室温结膜而黏附刮刀刀口。稳定不溶性偶氮染料印花时，刮刀与圆网摩擦发热，也往往会黏结刀口，产生刀

线或堵塞网孔。

（3）克服办法。

①根据织物的品种、花型面积的大小、色浆的性能来确定刮刀刀片的规格、压力和角度，以减轻刮刀与圆网的摩擦阻力。

Stork 公司新颖的聚四氟乙烯塑料刀口（刀口外层用聚四氟乙烯塑料嵌入，以减轻刀口与圆网的摩擦力）更适应于圆网印花，但它要求使用低黏度、流变性好的原糊。

②宜选用黏度低、成糊率高、近牛顿型流体的印花原糊。杜绝杂质的混入，糊料膨化要充分。

③感光前应认真检查网孔的清晰度和内壁的光洁度，控制刮胶时的胶层厚度，防止胶液渗入内壁。

2. 嵌圆网网孔

（1）疵病形态。印花织物上局部花纹露底。

（2）产生原因。

①织物表面未除净的纤维短绒、纱头嵌入圆网的网孔。

②色浆中含有杂质。

（3）克服办法。

①在圆网印花机进布处加装刷毛吸尘装置，并认真做好进布处的清洁工作。

②色浆上机前要用高目数（120目以上）的筛网过滤。

3. 露底

（1）疵病形态。印花织物上某些花纹处色浅或深浅不匀，甚至露白。

（2）产生原因。主要是织物的花纹上得不到应有的色浆所致，原因有以下几方面。

①刮刀的选择和压力不适于刮印要求。

②圆网网孔不清晰、网孔太小或网孔堵塞。

③织物半制品前处理时，毛细管效应较差，丝光不足，影响织物的渗透性，易产生色泽不匀或色浅。

（3）克服办法。

①印制厚重织物、大块面花型时，选用 50mm×0.15mm 的刮刀，调节压力和角度，以提高给色量，减轻露底。

②选用低黏度的海藻酸钠、高醚化度的植物胶类糊料或将海藻酸钠与乳化糊拼混使用。

③加强织物前处理的质量控制。

4. 渗化

（1）疵病形态。色浆从花型轮廓的边缘向外渗出，花纹外缘毛糙不清。

（2）产生原因。

①使用黏度小或已分解脱水的剩浆。

②色浆中助剂的用量不当，引起色浆的抱水性降低，如防印色浆中的释酸剂、还原剂用量过多。

（3）克服办法。

①严格控制色浆的黏度，切不可有脱水、变质现象发生。

②防染剂的用量应根据被防染料的防染难易、原糊的耐防染剂性能来合理确定。

5. 传色

（1）疵病形态。圆网印到织物上的色浆，随织物到达下一只圆网印制位置，其表面余浆转移到该圆网网孔内，导致此花纹的色泽与原稿色泽不符。

（2）产生原因。

①余浆过多。

②多套花版相互叠印时，排版顺序不合理。如先印深暗色花纹，后叠印鲜艳明亮的花纹。

③印花刮刀、给浆管、给浆泵在印制了深色色浆后，未清洗干净就用于浅色色浆的印花，引起全面或局部传色。

④贴布不正，偏向导带一侧，印在导带上的色浆，易转移到后一只圆网的表面，产生传色。

（3）克服办法。

①对于传色严重的花纹，可按先浅后深的原则排列圆网。

②合理选用刮刀，印深浓色花纹时，宜选用硬性刮刀（高度小、厚度大），以便增加刮刀压力，提高色浆的渗透力，减少残留在织物上的余浆量。印浅色花纹时，宜选用软性刮刀（高度大、厚度小），以便减轻刮刀压力，使深浓色余浆不致传到浅色圆网网孔内。

③将织物半制品拉幅至略大于圆网的印花宽度，一般织物的两边各保留1cm余量。

6. 压浅印

（1）疵病形态。在印花织物表面上呈现有规律的色浅斑痕。斑痕间距与圆网周长相等。

（2）产生原因。圆网的非花纹处沾有纤维绒毛和杂质，压在了已印有色浆的花纹上，使原来均匀的色泽变成局部色浅。

（3）克服办法。

①提高半制品的表面光洁度，如烧毛、剪毛、剪除棉结等。

②在圆网印花机进布处，安装毛刷和吸尘器，保证印花织物表面的清洁。

7. 搭开或拖色

（1）疵病形态。织物上呈现一定形状的花纹影印。

（2）产生原因。

①大面积花型织物烘干不充分，且在布箱内堆置时间过长，色浆吸收空气中水分，造成有规律的花纹搭开。

②刮印后的织物在烘房内的穿布路线不当，或烘房内循环风压控制不当，使织物飘动，未干色浆沾污导辊或喷风口，从而引起颜色的转移，造成不规则的搭开或拖色。

（3）克服办法。

①根据花型面积来控制烘房温度和印花机车速，保证织物完全烘干。

②烘房内织物穿来路线要正确，注意检查，清洁常出现疵病的装置部位（如导辊、风

口、胶毯等）。

8. 贴布浆印

（1）疵病形态。在织物上呈现块状或条状的色浅斑痕。

（2）产生原因。胶毯上有凹痕，贴布浆涂刮不匀，贴布浆多的部位会影响印花色浆的渗透，从而产生浆渍斑。

（3）克服办法。

①贴布浆要充分搅拌，过滤后使用。

②上浆刮刀刀口要平直。

9. 糊边和白边

（1）疵病形态。在织物的一边或两边的边缘上，呈现花型模糊或超过允许范围的留白。

（2）产生原因。

①圆网印制宽度超过织物幅宽。

②织物进入胶毯时偏向一侧。

（3）克服办法。

①使半制品的幅宽大于圆网印制宽度，并且使两边的留白余量控制在允许范围之内。

②控制好印花机的进布装置，保证织物正直贴入导带。

10. 对花不准

（1）疵病形态。在多套色印花中，织物上的全部或部分花型中的一种或几种花色不在应有的位置上。

（2）产生原因。

①印制过程中，织物上发生间歇性对花不准。即当圆网每转1周，有等距离同样花型对花不准的现象。

②制版方面。

a. 描黑白稿不当，如该用借线的采用分线、分线过大或过小等。

b. 圆网的圆周大小精度不一致或圆网大小头的允许误差不在同一侧。

c. 描稿用的整套涤纶片基或连晒软片收缩不一，感光时包片错位，导致圆网本身对花不准。

③印花机方面。

a. 在刮印过程中，由于圆网或印花刮刀的抖动，造成对花不准。

b. 圆网运转主动齿轮磨损后形成的孔隙较大，齿尖的摆动引起对花不准。

c. 由于印花机启动后的惯性，导带未被拉紧，容易使它在主动辊筒上滑移，造成经向对花不准。由此也会产生导带左右跑偏现象，使纬向和斜向发生对花不准。

④贴布方面。织物出现一段一段的对花不准，且并非等距离间隔，使用热塑性贴布胶黏着力较差，印花织物被色浆润湿后收缩，在导带上发生相对位移。

（3）克服办法。

①发生间歇性对花不准时，应首先核对圆网上的记号，并检查圆网花纹是否错位。

②根据生产技术要求，认真完成制版的每一道工序。

③经常检查印花橡胶导带运行是否正确，主导辊的位置是否平整，以防经、纬向的对花不准。

④合理选用贴布浆，及时剥除已经失去黏着力的热塑性胶，提高其对织物的黏着能力。

11. 多花（砂眼）

（1）疵病形态。印花织物上出现间距与圆网周长相等、形态一致的相同色斑。

（2）产生原因。由于圆网感光胶膜的黏结性较差或机械强度较差，当刮印时，印花刮刀与圆网直接摩擦，胶层从网孔上剥落。

（3）克服办法。及时用修补胶涂没砂眼。认真执行制版操作中的有关上感光胶、曝光、显影、检修等的工艺技术要求，提高制版质量，避免在生产过程中出现砂眼。

12. 圆网皱痕

（1）疵病形态。织物表面呈现有规则的、间距与圆网周长相等、形态相同的横线状或块状的深浅色泽。

（2）产生原因。圆网表面有折痕，印花时圆网与织物不能良好接触，导致给浆不匀，从而产生纵、横深色皱痕。

①装卸刮刀不慎碰伤圆网。

②人为的捏伤引起折痕。

（3）克服办法。

①圆网安放在托架上时，调节托辊的高度，使圆网与印花导带间距离恒定在0.3mm，以避免圆网受刮刀压力而变形，产生皱痕。

②圆网运转前，应先把圆网均匀拉紧，保持圆网具有足够的刚度和弹性，防止在印花刮刀的加压下产生单面传动而扭曲。

③印花刮刀刀片的两端与圆网接触尖角必须剪成圆弧状并磨光，以免阻力过大，导致圆网损伤。

三、滚筒印花中常见疵病

1. 刮伤印和刀线印

（1）疵病形态。印花织物上呈现平行于布边和不变动的印痕，即为刮伤印；印花织物上呈现波浪形的线条，即为刀线印。

（2）产生原因。前者是由于色浆中硬的粒子把花筒表面刮伤所致，后者是由于色浆中硬的粒子在刮刀的往复运动下产生的。

其中硬粒子产生的原因可能有：

①色浆中有异物。

②印花刮刀、给浆辊、给浆盘洗刷不干净。

③刮刀和花筒间过分的摩擦产生铜粒子（花筒没有镀铬时）。

④低含固量的原糊比高含固量的原糊摩擦性大。

（3）克服办法。

①色浆要过滤后使用。

②花筒镀铬，以提高其表面的硬度，提高其耐磨性和光滑程度。

③在色浆中加入润滑剂。

④适当增加色浆中原糊的含固量或选用含固量较高的原糊。

2. 拖浆或抬刀

（1）疵病形态。在花布上跑出两条深的连续条子。

（2）产生原因。刮刀刀口下面有外来杂物，如织物上掉下来的线头、色浆中的干浆粒子等。

（3）克服办法。清洗刮刀和花筒或再一次滤浆。

3. 罩色

（1）疵病形态。花筒的光面上带有一层不应有的色浆薄膜并传给印花织物所引起的疵点。

（2）产生原因。花筒表面刮浆不净。引起刮浆不净的原因如下：

①刮刀刀口粗糙。

②刮刀安装不平整。

③花筒表面不光滑。

④色浆中有引起化学或物理反应的因素，损坏了刮刀的锋利度，使刮刀刮不清。

⑤拔染印花时一旦刮浆不净，花筒光面上薄浆中的还原剂会严重破坏花布的地色。

（3）克服办法。

①安装、调整好刮刀刀片，做到装铗平、高低平、锉磨平、与花筒接触平。

②花筒镀铬后要磨光。

③根据色浆性质、花型特点合理选用刮刀种类。使用酸性色浆印花时，应选用耐腐蚀的不锈钢刀片；如用还原染料色浆或拔染浆时，应选用不锈钢薄刀片，以提高刀片弹性，防止化学腐蚀，做到刮浆干净又不损伤精细和较浅的花纹。

④拔染印花时，可在印花前或印花后浸轧稀的氧化剂溶液（如防染盐 S），以消耗粘在印布地色上的少量还原剂，又不影响花纹部分的大量还原剂。

4. 印花深浅不匀

（1）疵病形态。在花布的门幅方向上，呈现印花色泽深浅不匀的现象。这是滚筒印花中常见的疵点，检查花布的反面就能很容易地发觉。

（2）产生原因。在整个织物门幅上所加的压力不一致，具体原因有以下几方面。

①刮刀刀口不平。

②花筒加压不均匀。

③加压太大，使花筒芯子弯曲。

④衬布不平整。

（3）克服办法。

①安装刮刀刀片做到"四平"。

②加压要均匀，勿过大。

③衬布洗干净后要经过烘筒烘干，烫平后才能上机使用。

四、数码印花中常见疵病

1. 颜色再现性差

（1）表现形态。主要表现为同一色彩产品的复制可靠性和准确性差。

（2）产生原因。

①数码印花采用CMYK四分色颜色模式。由于计算机屏幕是以RGB模式显色，而操作人员通过计算机屏幕利用四分色模式进行调色，使得屏幕显示颜色与实际印花效果有差异，因而人们需要根据情况实时调整。

②墨水的不稳定性。例如，数码印花用活性墨水多为K型活性染料，这类染料对湿度敏感，空气湿度、蒸箱内湿度、织物含水率等任何一个湿度因素不一致，都会影响重现性。

③生产过程凭经验。数码印花每个工序都会影响颜色的再现性，而目前各工序都没有明确的标准。

（3）克服办法。

①为每一台设备、每一个工序建立标准作业指导文件，规范操作流程。

②标准作业指导文件可以通过聘请专业人员测试并记录设备最佳工作状态时的设置和操作标准来编制，也可以根据企业专业人员操作经验编制。

③标准作业指导文件在执行时要不断完善补充。其可读性要强，易于实施。通过对所有工作流程建立标准，排除人为的不确定因素影响，提高产品正品率。

2. 色彩管理体系不完善

（1）表现形态。主要表现为生产过程缺乏规范性，没有统一的标准。

（2）原因。产品颜色质量的最终判定是看成品颜色与客户确认样对比，但是由于中间工序和最终颜色存在较大差异，中间工序的颜色质量无法判定是否符合要求，员工缺少预判能力，不了解每道工序要进行适当补偿才能保证最终的颜色质量。

（3）克服办法。

①科学地进行色彩管理。色彩管理是通过科学、数字化的方法将各输入、显示、输出设备的颜色进行校准，记录各设备的颜色特征，从而达到可预知颜色的目的。数码印花色彩管理的目的是实现颜色在各颜色空间之间的相互转换，保证颜色在各设备之间传递时失真最小化，实现颜色在传递和输出时的色彩准确性。

②采用ICC色彩管理机制。国际色彩联盟ICC制定了开放式的色彩管理规范，该规范是实现色彩管理的基础。数码喷墨印花色彩管理基本步骤分三步：设备校准、设备特性化和颜色转换。

设备校准是定期对输入、显示和输出设备进行校准，确保设备处于标准工作状态，以保证颜色传递的准确性、可靠性。设备特性化是将校准后的各设备特征记录，生成设备特性文件（ICC Profile）的过程；设备特性文件是各设备独有的，用以描述设备颜色空间与连接空间（CIE Lab）之间的对应关系，及其色域大小和颜色特征。颜色转换是在前两步基础上，以标准连接空间为桥梁，在颜色驱动引擎的作用下将颜色从一个设备转换到另一个设备上，过程示意图见图 4-1。

图 4-1　颜色转换过程

【过关自测题】

一、填空题

1. 纺织品印花大部分是（　　）印花，也有少量（　　）（　　）印花。

2. 纺织品印花设备主要有（　　）印花机、（　　）印花机、（　　）印花机，以及近几年新兴的数码印花机。

3. 对白地面积较大，花型较小、较分散的花样印花，适宜采用（　　）印花工艺；对深色花型块面上有清晰的细小浅色线、点的花样印花，适宜采用（　　）或（　　）印花工艺。

4. 平网印花制版材料主要包括（　　）框架、（　　）、（　　）。

5. 纺织品印花蒸化工艺一般包括（　　）给湿量、蒸化（　　）、蒸化（　　）、蒸化（　　）。

6. 调制印花色浆时，若用水太少，（　　）溶解困难，易造成（　　），影响花色的（　　）性；若用水太多，色浆（　　）明显下降，影响图案清晰度。

二、名词解释

图案对样准确性；图案清晰度；染料的最高用量

三、简答题

1. 写出你所知道的印花工艺种类（至少 6 种）及基本原理。

2. 印花产品外观与内在质量指标主要有哪些？

3. 如何正确选择平网印花花版的筛网规格？

4. 简述对印花原糊的要求。

5. 写出平网印花及滚筒印花排版的一般原则。

6. 写出对印花用涂料和黏合剂的要求。

四、综合题

任选两个印花疵病，分别描述疵病形态并用因果分析图法分析其产生的原因，制订相应控制措施。

项目五　整理产品质量控制

【学习目标】

1. 熟知整理产品质量指标及要求。
2. 掌握整理产品主要质量指标的影响因素及控制措施。
3. 理解整理产品常见疵病的外观形态、产生原因和克服办法。
4. 了解整理产品质量指标的检测方法和评定标准。

织物整理，广义上讲，包括织物自下织机后所进行的一切改善和提高品质的处理过程；但在实际生产中，常将织物的练漂、染色和印花加工以后进行的改善和提高织物品质的加工过程，称为织物整理。

织物整理的要求，不但因组成织物的纤维种类而异，而且即使是由相同纤维组成的织物，也因织物的组织类型和用途的不同，而有不同的要求。

织物整理的历史较久，但早期所获得的整理效果多为暂时性的。随着化学工业的发展、合成纤维产量的增加以及对纤维结构性能了解的不断深入，织物整理得到了迅速的发展。它已从单纯的发挥纤维固有的特性以及获得暂时性整理效果的阶段，向着运用新型整理剂和设备，赋予织物更加优良的性能和持久性效果的新阶段发展。

尽管织物整理的内容丰富多彩，但按整理目的大致可归纳为以下四个方面：

(1) 使织物门幅整齐，尺寸、形态稳定划一的纯机械整理。

(2) 改善织物手感，使织物的综合性手感达到柔软、丰满、硬挺、粗糙、轻薄以及厚实等不同风格要求的整理。

(3) 改善织物外观，使织物的白度、光泽、悬垂性等性能指标达到要求的整理。

(4) 改善或赋予织物其他特殊性能的整理，如防缩防皱整理、拒水整理、阻燃（防火）整理、防蛀抗菌整理等。

总之，整理作为纺织品加工的最后一道工序，它要求织物经过整理加工后，在使织物原有优势、风格更突出之外，还要具备某些特殊性能，并改善前面一系列加工过程中所产生的疵病。整理的质量直接关系到纺织品的最终质检等级，影响着产品的使用价值，关系到企业的生产效益和信誉。

任务一　整理产品质量要求

【学习任务】

1. 概述织物整理的含义。

2. 归纳织物整理的内容。

3. 归纳织物整理的目的。

4. 分析整理产品的质量要求。

织物品种繁多，整理要求各不相同，但是，不管何种纤维、何种织物，其整理质量指标均分为外观质量指标、一般质量指标及特殊质量指标。下面就不同织物的各类指标及风格要求介绍如下。

一、外观质量指标

各类织物共有的外观质量要求包括：织物的布边整齐，幅宽划一，布面平整，无纬纱歪斜，无极光，织物的白度、手感符合产品风格要求，无破边、破洞、披裂、沾污等外观疵点。具体到另一类织物又根据其用途不同，在手感、光泽等外观性能方面有具体的要求。

（一）棉及棉型织物

内衣类织物或婴儿服装要求手感柔软，上浆织物要求手感平滑、硬挺、厚实、丰满，防皱防缩整理的织物要求具有良好的抗皱防缩性能，成衣洗涤后要求平整、挺括、不起皱。

（二）丝织物

丝织物的组织不同，质量及风格要求就不尽相同，不同品种丝织物的具本要求如下：

桑蚕丝平素织物要求光泽透亮，绸面平挺，手感柔软。

绉类织物要求有绉缩均匀的绉效应，光泽柔和，手感柔软而有弹性。

提花织物要求织物的丝柳要直，花型要正，圆花要圆。

被面要求绸面平挺，色泽明亮，花型立体感强。

立绒织物要求手感柔软，绒面平整，绒丝挺立耐压，不暴露底组织。

素绒织物要求绒丝全部按纬向自然地紧贴在绒面上。

涤纶丝织物要求有稳定的尺寸，绸面平挺、滑爽。

（三）毛及毛型织物

这类织物包括纯纺或混纺的精纺和粗纺毛织物以及纯化纤中长纤维织物。

精纺毛织物又分为精纺薄型织物和精纺厚型织物。精纺薄型织物是理想的夏季衣料，要求织物呢面平整、洁净、有光泽，手感具有滑、挺、爽的风格，如派立司、凡立丁、薄花呢等。精纺厚型织物一般用作秋季衣料，要求织物手感丰满、有弹性，光泽自然。具体品种不同，要求又有所不同，如华达呢要求织纹清晰饱满、呢面光洁；啥味呢要求呢面具有短齐绒毛；花呢织物的花型要清晰。

粗纺织物要求弹性好、不板硬、不松烂，织物表面细结、绒毛整齐、颜色鲜艳、光泽好。其中纹面织物要求织纹清晰可见，保持一定的硬挺度，且具有较好的手感；呢面织物要求织物表面覆盖毡状短绒，织纹模糊不清，呢面平整；立绒织物要求绒毛耸立整齐；顺毛织物要求绒毛顺伏整齐，有膘光；拷花织物要求绒毛耸立整齐，人字纹或斜纹花纹清晰。

低弹涤纶丝织物或中长纤维仿毛织物要求具有良好的毛型感。

二、内在质量指标

（一）一般内在质量指标

反映织物内在质量的性能指标相当广泛，在实际使用中，往往根据纤维性能、织物品种及用途的不同，着重要求几项质量指标。

1. 棉及棉型织物

（1）本色布、本色灯芯绒整理要求的质量指标主要有密度、断裂强力。

（2）印染布整理要求的质量指标主要有密度、断裂强力、缩水率。

（3）色织布整理要求的质量指标主要有纬密、断裂强力、缩水率。

（4）毛巾整理要求的质量指标主要有长度、宽度、平方米质量、纬密、断裂强力。

2. 丝织物

（1）桑蚕丝、黏胶长丝、合纤丝织物整理要求的质量指标主要有幅宽、密度、断裂强力、平方米质量、缩水率及涤纶低弹丝织物的抗起球性和抗皱性。

（2）锦缎类丝织物整理要求的质量指标主要有幅宽、长度、密度、断裂强力、平方米质量、干洗缩率。

（3）丝绒织物整理要求的质量指标主要有幅宽、密度、绒毛高度、平方米质量、断裂强力、撕破强力、缩水率、绒毛耐压回复率。

3. 毛及毛型织物

（1）精梳及粗梳纺织品整理要求的质量指标主要有幅宽、平方米质量、断裂强力、缩水率、纤维含量、抗起球性能、密度、含油脂率、实物质量。

（2）毛毯整理要求的质量指标主要有单条质量、断裂强力、缩水率、长度、宽度、实物质量。

（二）特殊内在质量指标

赋予织物特殊性能的特殊整理的内容、技术和工艺的发展日新月异。所谓特殊内在质量指标，是衡量纺织品进行特种整理后整理效果的性能指标。特殊用途纺织品的特殊性能指标主要有抗皱性、防火（阻燃）性、防水性、防霉性、抗静电性、透湿性、耐低温性、耐高温性等几个方面。下面将介绍常用质量指标及要求。

1. 抗皱性

抗皱防缩整理主要是针对棉及其混纺织物、真丝织物等易起皱变形的织物进行的整理。抗皱整理要求织物整理后首先具有抗皱性能，还要保持柔软的手感，具有良好的吸湿透气性能。另外，对织物的强力影响要在要求范围之内，游离甲醛的含量在标准允许的范围内。

2. 抗静电性

抗静电整理是针对合成纤维及其混纺织物而进行的整理，要求织物经整理后具有良好的吸湿性或导电性，不易产生静电积累。

3. 防火（阻燃）性

某些特殊用途的织物，如冶金及消防工作服、军用纺织品、舞台幕布、地毯、儿童服装及公共娱乐场所的装饰材料等，都要求具有一定的阻燃性能。

所谓阻燃，是指经整理过的织物遇到火焰或其他可引起燃烧的热源时，即使着火，也具有阻止火焰蔓延的特性，且当火源移去后，无剩余燃烧（火源移去后的有焰燃烧）和阴燃（火源移去后的无焰燃烧）现象。

阻燃整理产品的阻燃效果根据不同的用途有不同的级别要求。

4. 拒水防水性

拒水整理织物可用作羽绒服、风雨衣等的面料，要求织物不易被润湿，但有一定的透气、透水性；防水整理的织物常用于室外用品，如帐篷、运输用遮盖雨布等，要求织物不透水、不透气。

5. 防霉、防蛀性

主要针对蚕丝及羊毛等易发霉、易虫蛀的织物，整理后的织物要求具有抵抗细菌或霉菌侵蚀的性能。

任务二　整理产品质量影响因素及控制

【学习任务】

1. 分析平、整度、幅宽的影响因素及控制措施
2. 分析伸长率、缩水率、手感的影响因素及控制措施
3. 分析抗静电性、抗皱性的影响因素及控制措施
4. 分析拒水防水性、阻燃性的影响因素及控制措施

一、平整度、幅宽、伸长、缩水率的影响因素及控制

（一）平整度

烘燥进布时织物的平整度是影响织物整理后平整度的因素之一。烘燥前织物折皱过多，折皱过久，或经过了高温，就增加了烘燥整平的难度，容易产生平整度差的结果；进布时织物有折皱，烘燥过程折皱未被拉开，整理后的织物也会不平整。所以，织物在进布前的加工和堆放要尽量避免产生折皱，烘燥前要根据被烘燥织物折皱产生的原因和特点调整烘燥时的张力、车速、温度等工艺因素；进布要尽量平整，避免以折皱状态进布。

烘燥时，纬向的扩幅张力和经向张力的大小是影响织物平整度的主要因素。张力过小，原有的折皱拉不平就被烘干定形，以致产品平整度不够；张力增大，织物的平整度提高。但调整张力时，要顾及织物的幅宽和伸长是否符合要求，否则又会产生其他疵病。

烘燥整平时，织物的含水量和烘燥温度影响烘燥整平的难易和效果。织物过干不易整平，过湿又会增加烘干难度，难以保持整平效果，所以要根据不同织物、不同设备控制适当的织

物含水量。烘燥温度是烘燥整平的重要工艺因素，温度过低织物烘不干，整平效果差；温度过高织物手感差，甚至影响织物强力。因此，要根据织物厚度、织物含水量、车速确定适当的烘燥整平温度。

烘燥后，织物的落布温度、堆放状态、时间还会影响平整度。烘燥落布温度要尽量低，堆放尽量平整，时间尽量短。卷状烘燥后要及早退卷码折。

（二）幅宽

决定织物幅宽是否符合要求的主要因素有坯绸幅宽、烘燥过程中的经纬向张力、超喂率、落布温度等。坯布幅宽略大时，适当增加经向张力；坯布幅宽略小时，适当增加纬向张力并进行适当的超喂。但是如果坯布幅宽距成品要求差距过大，则很难通过烘燥整理调整到要求的尺寸。

（三）伸长

织物的伸长影响着织物的纬密指标和伸缩率的大小。织物在练漂、染色、印花、整理各个工序中承受的来自设备的经向张力，都会使织物伸长，特别是在湿态下织物受到经向张力会伸长更多，所以应尽量选用张力小的设备。后整理可以在一定范围内调整织物的伸长，通过后期的超喂拉幅或预缩可以部分消除织物的伸长；通过施加经向张力，烘燥可以加大伸长，但这仅在一定的尺寸范围内有效。如果织物前面伸长过度，将是不可回复的，所以在采用有张力的设备烘燥时，要适当控制设备的机械张力。

（四）缩水率

缩水率的大小与织物纤维自身的吸湿性及织物组织结构有关，也与加工过程中织物所受的机械张力和温度有关。吸湿性较大的织物易伸长，也易缩水，所以要尽可能采取松式设备加工，以降低伸长和缩水率。对于受热易收缩变形的合成纤维类织物，要适当控制整理设备的张力和加工温度。

二、手感的影响因素及控制

织物的手感是指由织物的某些力学性能，通过人手的感触所引起的一种综合反应。织物手感在不同程度上反映了织物的外观与舒适感。人们对于织物手感的要求，随着织物用途的不同而不同。

织物的手感与组成织物的纤维性质和织物组织类型密切相关。真丝织物手感柔软、滑爽；棉织物手感厚实；缎纹织物手感滑爽。除此之外，加工过程中的各种机械作用，也对织物的手感有较大的影响。

在使用单辊筒或多辊筒烘燥时，因织物所受张力较大，易使织物产生内应力，使织物的手感粗硬。

烘燥过度，会使织物手感疲软，无身骨。需进行呢毯整理或拉幅的织物，在整理前应有一定的含潮率。烘燥温度过高及中途停车，会使织物手感发硬或熔融，应适当控制烘燥温度，防止意外停车。

经过树脂整理及特种整理的织物，预烘温度过高引起表面树脂集聚，或整理剂用量过多时，均可能导致织物的手感发硬。整理时要适当控制预烘温度，合理确定整理剂的浓度，可通过加入适量的柔软剂来改善织物的手感。

三、抗静电性的影响因素及控制

织物的抗静电性与织物纤维的吸湿性相关，吸湿性纤维不易产生静电；环境温度、相对湿度、表面摩擦物质的种类，也能影响织物的静电特性。在相对湿度低于40%时，织物的抗静电作用大大降低，甚至无效；织物的组织密度也影响织物的抗静电性，织物组织密度大的容易产生静电，弹性差的织物也容易造成缠附；抗静电性还与后整理采用的整理剂的性质有关，如经过吸湿整理剂整理的织物，可获得较好的抗静电效果；采用金属纤维与合成纤维混纺，可使织物的导电性提高，且不受空气相对湿度变化的影响。

四、抗皱性的影响因素及控制

织物的抗皱性与纤维自身特性及织物的组织结构有着密切的关系，棉、蚕丝等天然纤维的抗皱性较差，涤纶等合成纤维的抗皱性较好；平素织物的抗皱性较差，绉类、乔其类织物的抗皱性较好。目前对易变形织物进行抗皱防缩、洗可穿树脂整理，是提高这类织物价值的常见且重要的整理加工。在此仅就树脂整理的工艺因素及对织物抗皱性的影响加以讨论。

（一）吸湿性

半制品的吸湿性决定织物对整理剂的吸收渗透性，良好的吸湿性使经过树脂整理的织物有较好的抗皱效果。一般要求织物毛细管效应在10cm以上，织物上不含浆料和残碱。

（二）轧液率

轧液率过高，虽可保证织物的抗皱效果，但会使织物的强力大幅降低；轧液率过低，织物的抗皱性就会变差。应控制适当的轧液率。

（三）预烘温度

温度过高，树脂会发生泳移，产生表面树脂，使织物的抗皱性下降，且手感粗糙。预烘温度一般应控制在80℃，最高不超过100℃。

（四）催化剂的种类、用量、焙烘温度和焙烘时间

催化剂用量过少，焙烘温度过低或时间过短，不易使树脂全部完成聚合或交联反应；催化剂用量过多、焙烘温度过高或时间过长，易使树脂发生过焙烘反应，使已完成聚合或交联的树脂水解，使抗皱性下降。所以，在抗皱整理时，要根据催化剂的催化反应能力和用量，选用合适的焙烘温度和焙烘时间。

（五）树脂整理剂的浓度

整理剂的浓度过高，会使织物的强力下降；但是，整理剂的浓度过低，织物的抗皱性差。使用时，在保证织物强力符合标准要求的前提下，可适当增加整理剂的用量。

五、拒、防水性的影响因素及控制

（一）半制品质量

进行拒、防水的织物应具有优良的吸湿性，不含浆料，不含表面活性剂，织物的干燥程度要一致，织物应冷却，防止因温度过高而影响工作液的稳定性。

（二）拒水剂用量

如果拒水剂用量不足，拒水效果会下降。应根据整理要求，合理控制拒水剂用量。

（三）轧液率及车速

轧液率过低、车速过快，拒水效果就差，应适当控制轧液率和浸轧的车速。

（四）焙烘温度

焙烘温度过低，聚合及交联率低，拒水效果就差，应选用适当的焙烘温度。

六、阻燃性的影响因素及控制

各种纤维及其织物的燃烧反应是极为复杂的，形成纤维的高分子化合物的组成对其有很大影响。即使是用相同纤维制成的织物，由于组织结构不同，其燃烧性也有显著差别。织物的单位面积质量，在这个影响中具有特殊地位。织物的着火性，即从接触火焰到起火的时间，与织物的组织无关，而与织物的单位面积质量成正比。织物的直线燃烧速度，则与织物的单位面积质量成反比，即单位面积质量大的织物难以燃烧。

除上述织物本身的因素外，织物的阻燃性能还与阻燃整理的工艺条件有关，具体因素包括以下几个方面。

（一）阻燃剂的阻燃性能

如用硫酸铵作阻燃剂，其防火阻燃效果较差，特别是防止无焰燃烧的作用很小。采用混合阻燃剂比单一阻燃剂的阻燃效果好。

（二）织物的增重率

用不同的阻燃剂作阻燃整理时，其增重率要求不完全相同，但织物的增重率小于10%时，阻燃效果就很差。织物的增重率越高，阻燃效果越好。但因一般阻燃剂属于酸性物质或以酸性物质作催化剂，增重率越大，织物的强力损失越大。所以，在实际阻燃整理时，根据阻燃剂性能的不同，一般织物的增重率应控制在10%～20%。

（三）烘干温度

对于易分解的整理剂，烘干温度过高，可使织物的阻燃效果下降。如用磷酸氢二铵作整理剂时，烘干温度不能超过130℃。

（四）浸轧不匀

浸轧时，如果织物的轧液率前后、左右控制不一致，阻燃效果就差。应注意调节轧辊的压力和浸轧的车速，使织物的轧液率均匀一致。

任务三　整理产品常见疵病分析

【学习任务】

熟悉整理产品常见疵病的形态、产生原因及克服办法

一、外观疵病

（一）高温变色

（1）疵病形态。深浅不均的变色，呈金属色样的色块。

（2）产生原因。

①烘燥整理时，单辊筒烘燥机第一道烘燥蒸汽压力过高，或多辊筒烘燥机第一排烘筒蒸汽压力过高。

②烘燥整理车速过慢。

（3）克服办法。

①蒸汽压力采用先低后高。

②掌握适当的烘燥车速。

（二）搭色

（1）疵病形态。辊筒搭色、压辊布搭色。

（2）产生原因。

①辊筒未擦干净。

②深、浅色织物烘燥整理时，压辊布不分。

（3）克服办法。

①做好烘燥机辊筒的清洁工作；调换色泽时，多辊筒烘燥机需用水将前几只烘筒上沾着的绒毛冲干净。

②深、浅色织物烘燥整理时，压辊布要分开。

（三）松板印

（1）疵病形态。布面显示出树木生长的年轮花纹。

（2）产生原因。

①烘燥时产生的水蒸气未排净。

②导布未烘燥，产生头梢松板印。

③单辊筒或多辊筒烘燥机卷轴皮带过紧，张力过大。

（3）克服办法。

①在保证质量的前提下，卷轴皮带不宜过紧。

②加大鼓风量，吹走水蒸气。

③导布慢速烘燥，直至干燥。

（四）极光（轧光印、条印）

（1）疵病形态。布面呈现有规律或无规律的点状、条状或块状亮光。

（2）产生原因。

①压辊布包得不平整，压辊布已损坏，呢毯起皱，造成有规律的极光。

②压辊布内裹入纱头或其他杂物，与布面摩擦产生极光。

③定形整理时，出风口处幅宽与中位幅宽接近，在织物边部产生极光印。

④烘燥整理时，撤布过重，与织物摩擦产生无规律的经向极光。

（3）克服办法。

①呢毯整理时，必须在呢毯运转平服后再开车。

②烘燥整理时，以将织物撤直为标准。

③定形整理时，出口处门幅应大于中位门幅 1~1.5cm，这对长丝织物定形更为必要。

④开车前，检查压辊布是否平挺，损坏的压辊布应及时更换。

⑤开车前，检查压辊布是否有小硬结杂质，如有，应及时清除。

（五）卷边

（1）疵病形态。边口不平挺，两层叠起。

（2）产生原因。

①缝头时，两匹头子未对齐。

②张力过小，鼓风机风量过大。

（3）克服办法。

①要求两匹头子对齐再缝头；多辊筒烘燥机烘燥时，如发现头子不齐的织物，可在缝接处夹一竹片防止卷边，落布时应收起竹片。

②适当控制张力和鼓风机风量，发现卷边及时剥开。

（六）纬斜

（1）疵病形态。织物表面的经纬丝不垂直或花纹歪斜。

（2）产生原因。

①卷染机染色时，直接蒸汽开得过大，冲击织物，或导辊不水平，造成纬斜。

②烘燥整理时，手撤得过重。

③上轴时，织物歪斜，没有及时纠正。

④缝头不齐。

⑤定形机两边针布铗只数有差异。

（3）克服办法。

①烘燥整理时，挡车工撤布要两手均匀，用力不宜过重，以撤直为标准。发现布坯歪斜及时纠正。

②缝头要齐，特别是格子、横条织物一定要对准格子或条子缝头。

③定形整理时，两边针布铗只数应该相等，以免造成喂入时纬斜。

④染色时，直接蒸汽不宜开得过大，以微沸为宜。

（4）鉴别方法。

①纬斜。一般在织物的纬向疵点处最为明显。

②花斜。在织物的同幅、同花位进行比较，测量其歪斜程度。

（七）手感疲软

（1）疵病形态。布面熟软，无身骨。

（2）产生原因。烘燥过度。

（3）克服办法。需拉幅或呢毯整理的织物，在整理前应带一定的含潮率。

（八）披裂

（1）疵病形态。大面积星星点点的披裂，木盘披，揿披，压辊披。

（2）产生原因。

①织物烘燥过度。

②木盘位置高低不一。

③揿丝柳手力过重，用力不当。

④张力过大，织物不能以正常速度运转。

（3）克服办法。

①最后一道烘燥时，织物要掌握适当的含潮率。

②木盘安装位置高低应一致。

③揿丝柳手力要均匀。

④调节张力，要求织物运转速度均匀。

（九）木盘渍

（1）疵病形态。布面污渍。

（2）产生原因。走空车时间过短，扩幅木盘中水汽从缝隙中甩出，沾污在布面上。

（3）克服办法。适当延长走空车时间，让扩幅木盘中水汽充分散发后再开车。

（十）圆花不圆

（1）疵病形态。提花织物的圆花成椭圆状。

（2）产生原因。烘燥整理时，张力过大或过小。

（3）克服办法。以花型为标准，掌握好烘燥整理时的张力。

（十一）甩水印（鸡爪印、眉毛皱）

（1）疵病形态。布面上呈现错乱不规则的细皱纹。

（2）产生原因。一般产生于用离心脱水机脱水的产品。

①离心脱水机脱水过度，使后整理无法平挺。

②脱水后未及时开幅整理。

③张力过小，运转时卷轴不稳。

④不应采用离心脱水工艺的产品，采用了离心脱水工艺。

（3）克服办法。

①严格执行工艺，脱水时间不宜过长。根据品种的不同，离心脱水后的织物含水率以

15%～20%为宜。

②脱水后，应及时开幅整理，不宜堆放过久。

③采用离心脱水工艺的产品，一般是弹性较好、不易起皱或在后整理中容易拉挺的织物。

④适当掌握机械张力，运转要求平稳。

（十二）破边

（1）疵病形态。在布匹边道内的纬丝或边经断裂，呈现边道部位局部破损。

（2）产生原因。拉幅或定形时布铗粗糙、损坏，造成破边。

（3）克服办法。定形或拉幅时，保证布匹平整，居中喂入。并认真检查布铗和针板，使其完好，无毛糙。

（十三）凸铗

（1）疵病形态。布面边部局部或连续呈现凸出状。

（2）产生原因。

①布铗小脚脱落、不灵活或布铗损坏咬住织物不放。

②喂入时，布边折叠，被布（针）铗咬住。

（3）克服办法。

①经常检查布铗是否有损坏及脱落，开铗装置是否运转正常，发现问题及时修理或调换。

②发现挡边器失灵，及时修复。

③挡车工要注意布匹喂入情况，发现问题及时处理。

（十四）脱铗

（1）疵病形态。布面边部局部或连续呈现凹陷状。

（2）产生原因。

①拉幅定形过程中，布铗弹簧松，夹持不住。

②使用针板时，毛刷未压紧或毛刷沾污纱头等杂质过多。

③开车时，没有做到平幅喂入。

④前、中、后幅宽与实际幅度不吻合，特别是后幅太宽。

⑤先做厚织物，再做薄织物。

（3）克服办法。

①在定形前或定形过程中，要经常检查布铗、毛刷及挡边器的作用和运行情况；要求布铗开户灵活，运转正常，并应定期加油及维修；毛刷应保持清洁，不含杂物；开车时应压紧毛刷，使织物与毛刷贴紧；挡边器要灵活，两面挡边器之间的距离应基本与织物门幅相同，使织物平整喂入。

②拉幅定形前，织物门幅与落机门幅不能相差过大。应根据织物的特点和拉幅定形前的门幅调节适当。匹与匹之间的门幅相差不宜过大，并要注意接缝处织物喂入情况。

③后位出口处幅宽较前位、中位大 1.5cm 左右，差异不能太大。

（十五）油渍

（1）疵病形态。铁锈红的油渍块，有时会有蜡状感。

（2）产生原因。烘房内的油、蜡质、铁锈等杂质混合在水蒸气里，凝聚滴在织物上。

（3）克服办法。

①定期对设备进行全面清洁工作。

②选择耐高温的润滑剂。

③在热风拉幅定形机第一节烘房上的出气孔处加装排气装置及盛油桶，使排气时带出的含油、蜡等杂质的蒸汽凝聚后滴入，以免沾污烘房顶部，凝聚后滴到织物上而造成油渍。

（十六）边深浅及正反面色差

（1）疵病形态。边中色泽浓淡不一，正反面色泽浓淡不一。

（2）产生原因。

①针布铗温度低于定形温度。

②烘房内上、下鼓风机风力大小不一，形成温差。

（3）克服办法。

①空车运转至针布铗温度与定形温度接近后再开车。

②上、下鼓风机风力要一致。

（十七）吸水管印

（1）疵病形态。在布面上呈现吸水孔或吸水狭缝的痕迹。

（2）产生原因。

①吸水真空度过大，使布面上吸水不匀。

②穿货轴、导辊轴不平直。

③导辊上或吸水管口有线头等杂物。

（3）克服办法。

①正确控制真空度。

②擦净导辊，及时清理吸水管口杂物。

③穿货轴不平直要及时修理。

（十八）手感粗糙

（1）疵病形态。织物手感粗硬，不柔软。

（2）产生原因。

①烘燥时，织物承受张力过大。

②树脂整理、阻燃整理及拒水整理时，整理剂浓度过高；预烘温度过高，速度过快，产生了表面树脂。

（3）克服办法。

①选用合适的烘燥设备，合理控制设备的机械张力。

②对织物进行树脂整理、阻燃整理及拒水整理时，合理控制整理剂的浓度；预烘的温度不能太高，一般控制在100℃以下；可加入适量的柔软剂，以改善织物的手感。

（十九）头皱

（1）疵病形态。织物头梢绸面不平挺。

（2）产生原因。

①缝头不平直、漏针或脱角。

②打成卷轴时，导布不平挺。

（3）克服办法。

①缝头要平直而坚牢。

②导布塞平挺后才能开车。

（二十）皱条

（1）疵病形态。直皱条。

（2）产生原因。树脂整理时，焙烘进布不平挺。

（3）防止办法。注意进布要平挺。

（二十一）树脂渍

（1）疵病形态。树脂整理的织物表面局部呈现斑渍或沾污。

（2）产生原因。工作液配制不良，树脂初缩体聚集沉淀。

（3）克服办法。

①助剂、固色剂、催化剂都需事先溶解稀释后，再加入工作液中。

②不宜使用已聚集沉淀的初缩体。

（二十二）潮白柳

（1）疵病形态。在织物纵向呈现浅白柳。

（2）产生原因。织物纵向重叠，重叠部分未烘燥，定形时潮湿的部分未充分定形发色。

（3）克服办法。定形前，织物要均匀烘燥。

（二十三）污渍

（1）疵病形态。织物表面呈现有规律或无规律的污渍。

（2）产生原因。

①上机穿布时沾污。

②落布时，落在落布车外面而沾污。

③被落布车布套上的污渍沾污。

④织物卷进落布辊，被落布辊上的污渍沾污或引起织物破边。

（3）克服办法。

①用导布穿布上机。

②注意操作，不让坯布落在落布车外。

③定期清洗落布车布套。

④减少静电，增加缝接处的毛边剪刀数，拉掉散出的纱线。

（二十四）针洞进"肉"，双缉边

（1）疵病形态。针布铗咬进内幅。

（2）产生原因。

①挡边器失灵，形成坯布边口卷边而双层喂入。

②操作疏忽或缝头不良脱角，造成卷边，使织物双层喂入。

③织物偏斜过剧，进布时重叠喂入。

（3）克服办法。

①及时修理挡边器。

②缝头时回针，以减少脱角，防止卷边，保证坯布平整喂入。

③操作时，织物要居中喂入。

二、内在疵病

（一）一般内在疵病

1. 幅宽不合要求

（1）疵病形态。布面幅宽宽窄不一。

（2）产生原因。

①定形机指针幅宽与实际幅宽不符。

②调幅螺杆损坏，使指针幅宽和实际幅宽不符。

③前、中、后位调幅装置的离合器没有啮紧，造成幅宽自动移位，影响落布幅宽。

④定形前，织物的幅宽显著低于或超过要求幅宽。

（3）克服办法。

①幅宽以量幅为标准。

②及时测量落布幅宽，发现机械故障立即停车修理。

③离合器啮紧后才能开车。

④织造原料规格及加工工艺如有变动，需试样后再投产。

2. 纬密不足或过多

（1）疵病形态。纬密不符合成品要求。

（2）产生原因。

①张力控制不当，过松或过紧。

②选择的工艺流程不合理。

（3）克服办法。

①适当控制张力，应勤量幅宽，尤其要特别注意最后一道工序的张力。

②根据品种选择合理的加工工艺。

3. 内在质量差

（1）疵病形态。织物的断裂强力、曲磨、撕破强力等指标显著下降，不符合成品服用要求。

（2）产生原因。

①树脂整理时，树脂的用量不当，添加剂用量过少或过多。

②焙烘温度、定形温度过高，时间过长。

③催化剂选择不当。

④在整理过程中，以酸性化合物作催化剂时，后处理水洗不充分。

⑤在一系列加工过程中，织物所受机械张力过大。

（3）克服办法。

①严格遵守定形工艺条件。

②根据整理效果的要求，合理确定树脂的用量；选用合适的焙烘条件。

③后处理水洗要充分，直到织物的 pH 接近中性为止。

④根据织物的组织结构选用合适的加工设备。

⑤及时测试坯布树脂整理前后的物理指标，发现问题及时解决。

4. 平方米质量过大或不足

（1）疵病形态。织物的平方米质量不符合要求。

（2）产生原因。

①张力控制不当，过松或过紧。

②选择的工艺流程或设备不合理。

（3）克服办法。

①应根据织物的组织特点，适当控制设备的张力，应勤量门幅，尤其要特别注意最后一道工序的张力。

②根据品种选择合理的加工工艺及设备。

5. 缩水率大

（1）疵病形态。织物的成品缩水率超过检验标准的允许范围。

（2）产生原因。

①各道工序的张力过大。

②烘燥整理选择的设备不当。

（3）克服办法。

①严格控制各道工序的机械张力。

②烘燥整理时，应根据不同的品种，选择不同的烘燥整理设备。

6. 折皱回复性差

（1）疵病形态。织物的折皱回复角小于成品检验的最低标准。

（2）产生原因。

①进行树脂整理的织物，组织结构过于疏松。

②织物在进行树脂整理时，整理剂的用量过低或织物的轧液率过低。

③选用的催化剂不当或催化剂的用量太小。

④焙烘的条件控制不当（温度太低，时间太短），树脂交联不充分。

（3）克服办法。

①对半制品质量应严格检验，进行筛选。

②根据织物的组织结构，合理确定整理剂的用量及轧液率。

③根据树脂整理剂的活泼性，选用合适的催化剂；合理确定催化剂的用量。

④根据催化剂的催化特性，确定合适的焙烘工艺条件。

7. 游离甲醛含量超标

（1）疵病形态。织物上的游离甲醛含量超过规定的标准要求。

（2）产生原因。

①采用含甲醛的整理剂整理时，后处理不充分。

②树脂整理时，选用的单体比例不合理，造成初缩体溶液中游离甲醛含量过高。

③催化剂的用量太低、焙烘的温度太低、时间太短，使树脂交联不充分，织物上残留游离甲醛浓度太高。

（3）克服办法。

①后处理要充分。

②树脂整理时，选用合适的单体比例，使初缩体溶液中的游离甲醛浓度适当。

③选用合适的催化剂及用量，确定合适的焙烘工艺条件，使树脂交联充分。

④在树脂工作液中加入甲醛吸收剂或甲醛氧化剂，如环亚乙烯脲、双氧水等。

⑤合理存放含甲醛的织物，防止甲醛的释放移染。

⑥选用低甲醛或无甲醛整理剂。

（二）特殊内在疵病

1. 拒水效果不良

（1）疵病形态。水滴滚珠效果差，甚至织物被湿润。

（2）产生原因。

①坯绸浆料未洗净，染后水洗不净，织物上含有残留的表面活性剂。

②拒水剂用量过少，轧液率过低，车速过快。

③坯绸未干透。

④焙烘温度过低，影响拒水剂交联。

（3）克服办法。

①拒水整理的坯绸要清洁，不含杂。

②增加拒水剂用量；对不同织物掌握不同的轧液率，浸轧车速不宜超过 24m/min。

③烘燥后再进行拒水整理，并确定合适的工艺条件。

④严格遵守工艺条件进行操作。

2. 防霉效果差

（1）疵病形态。织物防霉效果差。

（2）产生原因。

①整理液搁置时间太长，树脂聚合度变大，渗透性差。

②工作液温度过高，稳定性下降。

③整理剂浓度太低或轧液率太低。

（3）克服办法。

①整理液宜随配随用，不宜搁置太长时间。

②工作液温度不能太高，宜控制在25℃以下。

③合理确定整理剂的浓度及轧液率。

3. 阻燃效果差

（1）疵病形态。织物离开火源后，有余燃（有焰燃烧）或阴燃（无焰燃烧）现象。

（2）产生原因。

①整理剂的阻燃效果差。

②阻燃剂浓度太低或轧液率太低。

③织物浸轧不均匀。

④工艺条件不合理，导致整理剂分解或交联不充分。

（3）克服办法。

①选用阻燃效果优良的阻燃剂或采用不同阻燃效果的阻燃剂混合使用。

②确定合适的阻燃剂浓度及合适的轧液率，保持织物上的整理剂含量在10%~20%。织物上整理剂含量过高，会使织物的强力大幅下降。

③浸轧时，轧辊左右的压力要均匀，防止浸轧不匀。

④根据阻燃剂的性质，确定合适的整理工艺，防止易分解的整理剂因烘干温度过高而分解，使阻燃效果降低；对耐久性阻燃剂，要保证交联充分。

任务四　毛织物常见整理疵病分析

【学习任务】

熟悉毛织物常见整理疵病的产生原因及克服方法。

毛织物的整理工艺复杂，整理工序多，疵病也多，故将毛织物整理中的常见疵病讨论如下。

一、烧毛工序

（一）烧毛条痕

（1）产生原因。

①缝头不平整。

②呢坯进机有折皱或烧毛过程中呢坯错乱纠缠。

③火口局部堵塞。

（2）克服办法。

①缝头要平整。

②呢坯要折叠整齐，进机要平整。

③火口要经常清扫，防止堵塞。烧合成纤维织物时更要注意。

（二）烧坏

（1）产生原因。

①缝头不牢，中途脱头。

②机器发生故障，中途停车。

③对毛涤混纺产品，采用前定形工序未经散热即烧毛。

④薄型织物烧毛火焰太强，车速过慢。

（2）克服办法。

①缝头要牢固。

②注重设备的维修和保养，防止中途停车。

③烧毛前，要了解呢坯原料的性能，掌握烧毛工艺条件。

（三）烧毛洞

（1）产生原因。机内毛灰多，烧毛时灰或纱头成球，燃烧后落在呢面上。

（2）克服办法。随时做好清洁工作，呢面的纱头要修清。

（四）擦板印

（1）产生原因。

①火焰跳动。

②呢坯运行不正常，呢面跳动。

（2）克服办法。

①风泵压力要稳定，注意气体和风量的调节。

②呢坯要正常运行，张力要均匀。

（五）匹头匹尾发毛或局部发毛

（1）产生原因。

①呢坯进机后，火焰未调节好或停车时火焰关闭过早。

②呢坯局部受潮。

（2）克服办法。

①呢坯应在火焰调节好后进机，停车时须待呢坯全部通过火口后再停火。

②注意呢坯的保护，注意防潮。

二、煮呢工序

（一）水印

（1）产生原因。单槽煮呢张力过大或不匀，压力过大，温度过高。

（2）克服办法。按产品要求掌握张力、压力、温度，进布张力要均匀，可用衬布煮呢或双槽煮呢。

（二）呢面不平整或起鸡皮皱

（1）产生原因。

①张力、压力过小或温度过低。

②薄型平纹织物采用先洗后煮工序。

（2）克服办法。

①易发生鸡皮皱的薄型平纹织物，宜高温加大张力、压力煮呢。

②宜采用先煮后洗的工序。

（三）边深浅

（1）产生原因。

①卷绕时，布边两边不齐或幅宽差异大的呢坯同机煮呢。

②机槽两边温度差异过大。

③进布时水温低，卷轴后再升温。

（2）克服办法。

①机槽两边温度要一致。

②达到规定温度后再进布，不要边进布边升温。

（四）沾色

（1）产生原因。

①深浅色差异大的呢坯同机煮呢。

②煮过深色或易掉色的呢坯后，又煮浅色时，事先未做好包布、衬布、机台的清洁工作。

③染料的耐氯牢度差。

（2）克服办法。

①深浅色差异大的呢坯，应分开煮呢。

②煮浅色前要做好机台、包布、衬布的清洁工作。

③注意染料选择或加入适量醋酸，不得已时可适当降低煮呢温度。

（五）搭头印、线印

（1）产生原因。

①匹与匹缝头不平整。

②上机时，贴头不平整。

③布面线头及缝头的线脚过长未去除。

（2）克服办法。

①缝头要平整，易出搭头印的中厚型织物，不宜重叠缝头。

②中厚织物上机时，宜将呢头略加搓揉，使之变软，然后贴头上机，贴头要平伏。

③布面的线头及缝头线脚要去除干净。

（六）折印

（1）产生原因。

①进布不平整，造成折皱。

②布边松紧不匀。

③进布时有气泡。

（2）克服办法。

①进布要保持平整，如有折皱随时纠正。

②布边松紧要均匀。

③进布时如有气泡，要随时纠正。

（七）呢面歪斜

（1）产生原因。

①两边张力不匀。

②上机贴头不平齐。

③机械状态不正常。

（2）克服办法。

①进布时，两边张力要均匀，保持经直纬平，条格产品随时注意调整。

②上机贴头要平齐，松结构织物宜用引头布。

③调整机械状态，处于正常使用完好状态。

（八）横印

（1）产生原因。

①上、下滚筒不圆或高低不平，或轴心松动；煮呢时，呢坯受压不匀。

②进布张力松弛。

（2）克服办法。

①加强机台保养，及时检修，保持设备处于完好使用状态。

②控制机台张力要适当。

三、洗呢工序

（一）条折痕

（1）产生原因。

①出呢导辊的表面速度比下滚筒的表面速度快，擦伤呢坯。

②浴比过小，洗液浓度过大。

③冲洗时，热水的温度和呢面温度差异过大。冲洗换水操作不当，呢坯在机内干轧。

④洗薄型和化纤混纺织物时，滚筒压力过重。

⑤出机温度过高，洗后堆放时间过长。

⑥呢边经纱张力不匀或边组织不当造成卷折。

⑦呢坯上机布斜、打绞或缝头不平整。

⑧织物组织紧硬。

（2）克服办法。

①出呢导辊的速度宜比下滚筒快 2%~3%。

②按照机型、织物厚薄情况，调整合适浴比。

③冲洗时，热水的温度和呢面温度差异不宜过大，时刻注意温度的急剧变化；冲洗换水时操作要得当，防止呢坯在机内干轧。

④按不同品种，选用适当的机型或调整上滚筒压力。易出折痕的化纤产品可用小压力或不用压力。

⑤织造张力要均匀，改进边组织，有卷折现象的织物宜采用缝袋洗呢。

⑥注意上机操作方法，严格按照机械操作要求进行操作。

⑦采用缝袋洗呢。

（二）洗呢不匀，造成条色花

（1）产生原因。

①匹染毛织物加入碱液温度过高或直接加到呢坯上。

②洗涤剂用量不足或洗涤时间不足。

③皂碱洗呢，水质硬度过高。

④条染或散毛染织物，染料湿处理牢度较差，洗呢温度过高，引起掉色，产生色花。

（2）克服办法。

①碱剂要溶解稀释后加入，加入时温度不宜过高。

②掌握洗涤剂用量和洗呢时间，在遇到特殊情况时，应适当增加洗涤剂用量或延长洗呢时间。

③用软水或合成洗涤剂洗呢。

④掌握温度及用碱量，易掉色织物温度宜低些，注意染料及洗涤剂的选择。

（三）呢面毛

（1）产生原因。浴比过小，用料过浓，温度过高，时间过长。

（2）克服办法。按产品要求制订合适的洗呢工艺，并按工艺严格执行。

（四）破洞磨损

（1）产生原因。

①机槽内或滚筒表面有硬杂物或木质滚筒表面起浮刺。

②呢坯纠缠打结，机台打结自停失灵。

（2）克服办法。

①运转前，要检查机槽内和滚筒表面有无硬杂物或浮刺。

②注意上机操作，打结自停要灵活有效。

四、缩呢工序

（一）缩呢不匀

（1）产生原因。

①用肥皂缩呢，呢坯含酸未洗净。

②呢坯干湿不匀，加入缩剂太少、不匀或过浓。

③上下缩呢滚筒隔距太近、压力过大，造成缩呢作用太快，呢坯运转不顺利。

（2）克服办法。

①呢坯含酸要洗净后再缩呢。

②缩前呢坯干湿要均匀，如干湿不匀，应重新浸湿脱水后再缩。缩剂不要过浓。

③温度不能过高，压力不要过早加大，适当调整缩呢滚筒的间隔距离。

（二）落毛过多

（1）产生原因。

①缩性差的织物，缩呢时间过长。

②缩剂太淡、太少。

（2）克服办法。

①短毛织物改用酸性缩呢或洗去缩剂再加新缩剂缩呢。

②适当增加缩剂浓度和加入量。

（三）磨损、破洞

（1）产生原因。

①缩剂太多，呢坯打滑磨损。

②缩箱上、下压板前口和上、下滚筒表面所成隔距太大，或滚筒两侧和缩箱所成间隙太大，呢坯被挤入轧成破洞。

③缩呢机内有破损或硬杂物轧伤呢坯。

④前导辊自停失灵，呢坯打结。

（2）克服办法。

①加料要适当。

②正确校正缩呢部件。

③经常检查机台，勿引进硬杂物。

（四）深浅色斑

（1）产生原因。匹染织物缩呢时，呢坯运转不正常，被滚筒擦伤，染后发生色泽深浅的斑痕。

（2）克服办法。匹染织物缩呢时，要始终保持呢坯的正常运转。

（五）打结

（1）产生原因。双头或多头缩呢时，各圈长度相差过大。

（2）克服办法。保持各圈圈长要一致。

（六）褪色、沾色

（1）产生原因。

①染料的耐缩牢度差。

②缩带色织物后，再缩白坯或其他色坯前，未做好机台清洁工作。

③色坯缩后堆积过久。

（2）克服办法。

①注意染料选择。花色织物缩呢温度宜低些或改用酸性缩呢。

②事先做好机台的清洁工作。

③要加强生产调度工作，保证色坯缩呢后，随即进入下道加工工序。

五、匹炭化工序

（一）炭化不净

（1）产生原因。

①酸液渗透不良或浓度过淡。

②烘焙温度太低。

③轧炭不及时或挤压不够。

（2）克服办法。

①要保证酸液渗透均匀，并且经常校正酸液浓度。

②经常检查脱酸的干、湿程度，以及烘焙后杂质脆损程度。

③及时轧炭，并保持一定的压力和时间。

（二）炭化不匀

（1）产生原因。

①匹染织物呢坯含水不匀，浸酸、脱酸或中和不匀。

②染后炭化的染料色牢度差。

（2）克服办法。

①保持呢坯炭化前的含水要均匀，浸酸、脱酸、中和必须均匀。

②要选用耐炭化的染料染色。

六、脱水工序

（一）含湿过多或含湿不匀

（1）产生原因。

①真空吸水机吸口两头的橡皮未盖好；车速过快；过滤网堵塞。

②离心脱水机脱水时间过短或皮带松，转速过慢。

（2）克服办法。

①吸口幅及车速要按织物幅宽和厚薄随时调节，定期清洁过滤网。

②掌握出水口排水情况，注意设备的维修和完好使用情况。

（二）折痕

（1）产生原因。

①精纺黏胶纤维织物及薄型织物采用离心脱水机脱水。

②吸水时织物进机没有拉平。

（2）克服办法。

①脱水时间不要过长，或改用真空吸水机脱水。

②要先拉平织物，再进机。

七、烘呢工序

（一）幅宽过宽或过窄

（1）产生原因。

①没有按产品要求控制上机幅宽。

②幅宽不同的产品，用同一幅宽烘呢。

③呢坯经过湿整理，幅宽过窄或过宽。

④烘后呢坯回潮率过高，幅宽又重新回缩。

⑤机上指示的幅宽和实际幅宽不一致。

（2）克服办法。

①按产品要求，控制合适的幅宽。

②加强加工呢坯幅宽的检查，不同幅宽的产品不能用同一幅宽接连烘呢。

③如因产品设计造成幅宽不对，应改进产品设计；如因湿整工艺不当，则应改进湿整工艺。

④呢坯要烘干，保持呢坯的回潮率在允许的范围之内。

⑤呢坯上机前要核对机上显示的幅宽与实际的幅宽是否相符。

（二）呢面歪斜，匹头、匹尾月牙形

（1）产生原因。

①上机时，呢头不平齐。

②上机后，两边张力不一致。

③布边和中间所受张力不一致。

（2）克服办法。

①上机时，呢头要平齐，保持经直纬平。

②要保持两边张力均匀一致，如有歪斜，随时注意调整。

③进、出机时，要采用引头布。

（三）撕破

（1）产生原因。

①烘前呢幅过窄，机幅开得太宽。

②烘前呢幅过宽，机幅开得太窄，造成路途脱针。

③上机时，脱针自停失灵，第一匹呢头出机，织物不脱针。

（2）克服办法。

①烘呢机幅宽要开得适当。

②注意脱针和开幅，发现问题及时调整。

③注意防止第一匹呢头出机，保持织物要及时脱针。

八、蒸刷工序

（一）刷毛不净

（1）产生原因。

①在刷毛过程中，刷毛滚筒沾满绒毛。

②深浅色混杂刷毛，没有做好清洁工作。

（2）克服办法。

①刷毛滚筒要定期清洁。

②深浅色织物要分开刷毛。

（二）水渍斑

（1）产生原因。在对织物进行蒸呢开蒸汽时，蒸汽箱表面有冷凝水，沾污织物。

（2）克服办法。开车前，须先放出管内存水和蒸汽，防止沾污呢坯。

九、起毛工序

（一）起毛不匀

（1）产生原因。

①呢坯两边张力松弛或忽松忽紧。

②钢丝针辊的两边和中间的锋利程度不一致。

③呢坯含湿量不一致。

④呢坯折叠紊乱又堆积过久。

（2）克服办法。

①进机张力要均匀。

②确保钢丝针辊两边和中间的锋利程度一致。

③呢坯含湿量要均匀一致。

④折叠要平整，且不能堆积时间过长。

（二）起毛条痕

（1）产生原因。

①缝头不良，不够平整。

②刺果直径大小差异过大或安装不良。

③钢丝针辊或刺果嵌有废毛纱线等杂物。

④刷辊接触不良。

⑤呢坯边道过紧。

（2）克服办法。

①缝头要平整。

②刺果的直径要接近，安装要平整。

③钢丝针辊或刺果上的废毛等杂物要定时清除。

④随时检查刷辊位置和作用情况。

⑤改进织物设计或在呢坯的中间适当加大张力。

⑥张力和针辊速比要适当。

十、剪毛工序

（一）剪毛痕、纬向剪毛印

（1）产生原因。

①螺旋刀、平刀或支呢架不平或螺旋刀抖动。

②剪起毛绒面织物时，刀距突然调低过多。

③张力松紧不均匀。

④平刀有缺口或支呢架上有高起物。

⑤平刀、螺旋刀、支呢架位置没有调整好。

（2）克服办法。

①要及时调整或检修刀具位置和固定情况。

②刀距应先高后低，逐渐调低。

③要保持张力均匀一致。

④加强呢坯检修，防止硬杂物损伤刀口。

⑤要调整好平刀、螺旋刀、支呢架的隔距和位置。

（二）织物呢面毛，匹头匹尾毛，两边毛

（1）产生原因。

①隔距未按织物厚薄调整或刀口迟钝。

②粗纺织物呢面绒毛紧伏，剪不到毛。

③剪毛刀和支呢架不平行。

④呢坯接头通过剪刀时，抬刀过早或落刀过慢。

（2）克服办法。

①应按织物要求校正隔距，注意螺旋刀和平刀的保养。

②剪毛前做好刷毛，使毛耸立起。

③校正机械状态，保持剪毛刀与支呢架处于平行状态。

④剪刀通过呢坯接头时，抬刀、落刀要及时、正确。

（三）剪断

（1）产生原因。

①缝头通过剪刀时，抬刀不及时或落刀过快。

②引头线断裂。

（2）克服办法。

①加强自控抬刀装置的维修检查，保持完好使用状态。

②缝头要平直且牢固。

十一、烫呢工序

（一）光泽不足

（1）产生原因。

①呢坯回潮率过低，滚筒温度过低。

②隔距太大，压力太小。

（2）克服办法。

①呢坯要保持一定的回潮率，滚筒温度要符合工艺要求。

②隔距和压力要根据织物厚薄及成品要求进行适当调整。

（二）光泽不匀

（1）产生原因。

①呢坯回潮不均匀。

②托板不平整。

（2）克服办法。

①呢坯回潮要保持均匀一致。

②时常检查托板使用情况，发现问题要及时检修。

十二、蒸呢工序

在蒸呢工序会产生搭头印疵病。

（1）产生原因。

①织物呢头卷折毡化、厚起。

②开车时张力过紧。

③呢匹两头或匹与匹之间包布空绕圈数太少。

（2）克服办法。

①进布前，剪去呢头毡化、厚起部分。

②开车时张力要控制适当。

③第一匹进机完毕，包布要多绕几圈再上第二匹；第二匹上机时，要和第一匹的匹尾隔层衔接。

十三、电压工序

（一）蜡光、边蜡光

（1）产生原因。

①织物进行电压时，温度过高、压力过大或织物回潮率过大。

②有边字的织物，边字太厚。

（2）克服办法。

①按产品要求，控制合适的电压温度、压力、回潮率。

②对边字太厚的织物，要改进边字设计。

（二）电压档（电压板印）

（1）产生原因。

①呢坯回潮率过大，电压温度过高，压力过大。

②折幅处，暴露在空气中的织物和内层织物的温度差异大或电热板的上下衬贴纸板少。

③织物只压一次，没有调整位置再压。

④操作不当，进布张力过大。

⑤电板的电阻不正常，局部温度过高。

（2）克服办法。

①按产品要求，控制合适的回潮率、温度、压力。

②注意季节性气温，控制内外温差。冬季，在压呢车四周采用保暖措施，每张电热板的上、下部位宜衬贴纸板 2~3 张。

③织物压一次后，应调换位置再压一次。

④进布张力要保持均匀适当。

⑤电板应定期检查，测定其电阻，保持温度均匀一致。

（三）呢面光泽不匀，光泽有差异

（1）产生原因。

①压前给湿不均匀，间歇时间短。

②靠近夹呢车上、下压板的织物，温度较低。

③中间织物的温度差异大。

（2）克服办法。

①给湿要均匀，要有一定间歇时间。

②必要时，靠近上、下压板的织物，适当延长插电时间。

（四）呢面局部烧破

（1）产生原因。电板损坏，传导不良，形成短路，产生火花燃烧。

（2）克服办法。经常检查电板，发现损坏，立即调换。插电时，注意电板情况。

【过关自测题】

一、填空题

1. 织物后整理的内容大致可分为（　　）整理、（　　）整理和功能整理。

2. 织物整理质量指标可分为（　　）质量指标和内在质量指标，其中内在质量指标又可分为（　　）质量指标和（　　）质量指标。

3. 织物整理时，若坯布幅宽略大，可适当增加（　　）张力；坯布幅宽略小时，要适当增加（　　）张力并进行适当的（　　）均可使幅宽达到要求。但是，如果坯布幅宽离成品要求相差过大时，则很难通过调整（　　）张力来达到要求。

4. 织物伸长率的影响因素主要是织物在各个加工工序中承受的（　　）张力。

5. 为了控制织物缩水率，对于吸湿性比较大的织物，要尽量采用（　　　）加工设备；对受热易收缩变形的（　　　）纤维织物，要合理控制加工设备的（　　　）和加工温度。

6. 织物抗皱性的影响因素主要有纤维的（　　　）、织物的（　　　）和树脂整理的工艺因素等。

二、名词解释

织物整理；特殊内在质量指标；织物手感；织物的着火性

三、简答题

1. 简述织物后整理的目的。

2. 简述常见棉织物、丝织物的外观质量指标及要求。

3. 简述织物平整度的影响因素及控制措施。

4. 简述织物抗静电性的影响因素及控制措施。

5. 简述织物手感的影响因素及控制措施。

四、综合题

任选两个织物整理疵点，描述其形态，用因果分析图法分析其产生的原因，并制订相应的控制措施。

项目六　纺织品质量评价标准

【学习目标】
1. 掌握纺织品质量评价标准的性质、使用范围及其分类。
2. 熟悉纺织品质量的评定方法。
3. 了解纺织品质量评价标准（国际标准、国家标准、行业标准）的执行情况。

任务一　纺织品质量评价标准分类

【学习任务】
1. 纺织品质量评价标准分类
2. 分析纺织品质量评价标准的种类及含义

产品的质量标准是根据产品生产的技术要求，将产品主要的内在质量和外观质量从数量上加以规定，即对一些主要的技术参数所作的统一规定。它是衡量产品质量高低的基本依据，也是企业生产产品的统一标准。

根据质量标准的性质和使用范围，我国采用的纺织品质量评价标准可分为国际标准、国内标准（GB）、行业标准（FZ）、地方标准、企业标准。

一、国际标准

国际标准是指由某些国际组织，如国际标准化组织（ISO）、国际电工委员会（IEC）等规定的质量标准，也可以是某些有较大影响的公司规定的并被国际组织所承认的质量标准。积极采用国际标准或国外先进标准是我国当前的一项重要技术经济政策，但不能错误地把某些产品进口检验时取得的技术参数作为国际标准或国外先进标准，这些参数只是分析产品质量的参考资料。

二、国家标准

国家标准是指由国务院标准化行政主管部门编制计划，组织草拟，统一审批、编号、发布的标准。需全国范围内统一技术要求的应制定国家标准。国家标准按性质分为强制性标准（代号 GB）和推荐性标准（代号 GB/T）。

（1）强制性标准。具有法律属性，在一定范围内通过法律、行政法规等手段强制执行的标准。

（2）推荐性标准。又称为非强制性标准或自愿性标准，是指生产、交换、使用等方面，通过经济手段或市场调节而自愿采用的一类标准。

三、行业标准

行业标准是指由国务院有关行政主管部门确定，并编制计划，组织草拟，统一审批、编号、发布的标准，并报国务院标准化行政主管部门备案。也分强制性和推荐性标准。对无国家标准而又需在全国某个行业内统一的技术要求，可制定行业标准，在相应的国家标准实施后，自行废止。

四、地方标准

地方标准是指由省、自治区、直辖市人民政府标准化行政主管部门确定，并编制计划，组织草拟，统一审批、编号、发布的标准，并报国务院标准化行政主管部门和国务院行政主管部门备案。对没有国家和行业标准，又需在省、自治区、直辖市范围内统一的工业产品技术要求，可制定地方标准，并在相应国家或行业标准实施后，自行废止。

五、企业标准

企业标准是指由企业组织制定，并按省、自治区、直辖市人民政府的规定备案的标准。企业产品若无国家、行业或地方标准，企业可制定相应的企业标准，作为组织生产的依据。对已有国家、行业或地方标准的产品，鼓励企业制定高于国家、行业或地方标准的企业标准，在企业内部执行。

把产品实际达到的水平与规定的质量标准进行比较，凡是符合或超过标准的产品称为合格品，不符合质量标准的称为不合格品。合格品中按其符合质量标准的程度不同，又分为一等品、二等品、三等品等。不合格品中包括次品和废品。

任务二　印染产品质量评价标准

【学习任务】

1. 印染产品质量评价标准
2. 简述纺织品色牢度测试中多纤维贴衬的组成

现在纺织行业执行的是 2000 年以后修订的国家标准和行业标准，详见《中国纺织标准汇编——基础标准和方法标准卷》第 2 版。该汇编一套五卷，收集了截至 2007 年 4 月底由国家发展和改革委员会正式批准发布的纺织品基础标准和方法标准 429 项。其中（一）~（三）卷为国家标准（263 项标准），（四）（五）两卷为纺织行业标准（166 项标准）。但是从 2008 年以后我国又对多个纺织标准进行了修订，可以从《中国纺织标准汇编 印染卷》中查看，或者去查单项标准文本。

纺织行业的国家和行业标准内容繁多，现仅举几例印染产品质量标准作一简单介绍，以便对标准有所了解。

一、外观质量评价标准

（一）织物长度和幅宽的测定

机织物幅宽的测定依据现行国家标准 GB/T 466—2009《纺织品织物长度和幅宽的测定》。具体内容如下所示。

1. 原理

将松弛状态下的织物试样在标准大气条件下置于光滑平面上，使用钢尺测定织物长度和幅宽。对于织物长度的测定，必要时织物长度可分段测定，各段长度之和即为试样总长度。

2. 用具

（1）钢尺，符合 GB/T 19022，其长度大于织物宽度或大于 1m，分度值为毫米。

（2）测定桌，具有平滑的表面，其长度与宽度应大于放置好的织物被测部分。测定桌长度应至少达到 3m，以满足 2m 以上长度试样的测定。沿着测定桌两长边，每隔 1m±1mm 长度连续标记刻度线。

第一条刻度线应距离测定桌边缘 0.5m，为试样提供恰当的铺放位置。对于较长的织物，可分段测定长度。

3. 调湿和试验用的大气

调湿和试验用大气采用 GB/T 6529 规定的标准大气，对仲裁性试验应采用二级标准大气。

织物应在无张力状态下调湿和测定。为确保织物松弛，无论是全幅织物、对折织物还是管状织物，试样均应处于无张力条件下放置。

4. 程序

（1）试样应平铺于测定桌上。被测试样可以是全幅织物、对折织物或管状织物，在该平面内避免织物的扭变。

（2）短于 1m 的试样应使用钢尺平行其纵向边缘测定，精确至 0.001m，在织物幅宽方向的不同位置重复测定试样全长，共 3 次；长于 1m 的试样在织物边缘处作标记，每隔 1m 距离处作标记，连续标记整段试样，用钢尺测定最终剩余的不足 1m 的长度。试样总长度是各段织物长度的和。如果有必要，可在试样上作新标记重复测定，共 3 次。

（3）有关双方应预先协商是否将试样两端的连接段计入测定长度。

（4）织物全幅宽为织物最靠外两边间的垂直距离。对折织物幅宽为对折线至双层外端垂直距离的 2 倍；如果织物的双层外端不齐，应从折叠线测量到与其距离最短的一端，并在报告中注明；当管状织物是规则的且边缘平齐，其幅宽是两端间的垂直距离。在试样的全长上均匀分布测定以下次数：

——试样长度≤5m：5 次；

——试样长度≤20m：10 次；

——试样长度>20m：至少 10 次，间距为 2m。

（5）如果织物幅宽不是测定从一边到另一边的全幅宽，有关双方应协商定义有效幅宽，并在报告中注明。

（6）测定试样有效幅宽时，应按测定全幅宽的方法测定，但需排除（4）中所述的布边等。有效幅宽可能因织造结构变化或服装及其他制品的特殊加工要求而定义不同。

5. 计算结果与表达

（1）织物长度。织物长度用测试值的平均数表示，单位为米（m），精确至 0.01m。如果需要，计算其变异系数。

（2）织物幅宽。织物幅宽用测试值的平均数表示，单位为米（m），精确至 0.01m。如果需要，计算其变异系数。

（二）纺织品白度标准

纺织品白度的评定根据现行国家标准 GB/T 8424.2—2001，具体内容如下。

1. 原理

CIE 三刺激值用一个反射光谱光度计或色度计测定，白度和淡色调指数以 CIE 三刺激值和色品坐标为基准用公式进行计算。

2. 设备和材料

（1）测色仪。能用 CIE 规定的（45/0，0/45，d/0，0/d）或在 GB/T 8424.1—2001 中确定的几何条件之一进行测定或计算 CIE 三刺激值的一台光谱光度测色仪或光电积分测色仪，当用光电积分式仪器测定荧光试样时，照明系统的光谱功率分布会随试样的反射或发射功率而变化，因此采用 45/0 或 0/45 的条件是较好的。若用积分式测色仪，如有可能应在不包括镜面反射的条件进行测定。

（2）紫外线灯。用于含荧光增白剂的纺织品试样的目测评定。

注：为了使眼睛免受紫外线直射，必须按照紫外线灯生产厂的安全规程进行操作。

3. 试样

试样按 GB/T 8424.1—2001 A2 进行调湿，试样应保持无尘杂和污物，其尺寸应取决于使用的测色仪的孔径和纺织材料的半透明程度，对于半透明材料的试样，应采用多层折叠，其折叠的层数应视折叠后不透光（不会随着层数的增加而使色度值变化）为宜。

4. 操作程序

（1）测试前，先在暗室内紫外线灯下观测试样，来确定织物是否含有荧光增白剂。含有荧光增白剂的织物能在紫外线灯下发荧光，其程序如下：

①如果纺织材料上含有荧光增白剂，应采用复色光的仪器，或在 330 nm 至 700 nm 的全光谱范围内光谱功率分布接近于 CIE D_{65} 照明体的仪器测量样品。合适的设备可向仪器生产厂商咨询。如果使用闪光灯式仪器，还应检验仪器的适用性。

②若需测定荧光增白剂的相对效率时，可使用带有能切断紫外光的滤色片嵌入入射光束内的仪器。

③若试样不包含荧光增白剂，采用复色光或单色光仪器均可，测试结果与照明体的光谱功率分布无关。

（2）测色仪应按照生产厂说明进行校准操作，准备和放置每块试样。并且根据 GB/T 8424.1—2001 确定测定值。

（3）确定白度值时，可根据下面的白度公式进行计算。有些测色仪器本身可直接给出白度值，也有些仪器可同时给出多个白度公式的白度值，由于不同的白度公式之间不具备可比性，应注意选择符合本标准要求的白度公式的数值。

（4）采用45/0或0/45几何条件的仪器进行测试时，建议用户考虑一下试样在测定方向上的选择性，如有方向性尽量使试样以4的倍数进行测定，在每次测定后旋转90°，然后平均所得结果。

5. 计算

（1）每次正常测量，应使用CIE D_{65} 照明体和1964 10°观察者确定C1E三刺激值 X_{10}，Y_{10} 和 Z_{10}。

（2）任何试样的白度指数（W_{10}）用式（1）进行计算。淡色调指数（$T_{W,10}$）用式（2）进行计算。

试样的白度指数，仅限于下列的 W_{10} 和 $T_{W,10}$ 范围：

$40 < W_{10} < 5Y_{10} - 280$

$-3 < T_{W,10} < +3$

①白度（适用于 D_{65} 照明体和1964 10°观察者）：

$$W_{10} = Y_{10} + 800(0.313\ 8 - X_{10}) + 1700(0.331\ 0 - Y_{10}) \tag{1}$$

式中：　　　　　 W_{10}——白度值或指数；

　　　　　　　　 Y_{10}——试样三刺激值；

　　　　 X_{10} 和 Y_{10}——试样的色品坐标。

0.313 8 和 0.331 0——分别为完全反射漫射体的 X_{10} 和 Y_{10} 的色品坐标。

②淡色调指数（适用于 D_{65} 照明体和1964 10°观察者）：

$$T_{W,10} = 900(0.313\ 8 - X_{10}) - 650(0.331\ 0 - Y_{10}) \tag{2}$$

式中：$T_{W,10}$——淡色调指数，$T_{W,10}$ 值正数表示偏绿色调，负数表示偏红色调，零表示主波长为466nm的偏蓝（中性）色调。

二、内在质量评价标准

（一）耐洗色牢度标准

纺织品耐皂洗色牢度测定根据现行国家标准GB/T 3921—2008，具体内容如下。

1. 原理

纺织品试样与一或两块规定的贴衬织物贴合，放于皂液中，在规定时间和温度条件下进行机械搅动，再经清洗和干燥。以原样作为参照样，用灰色样卡或仪器评定试样变色和贴衬织物沾色。

2. 设备

（1）合适的机械洗涤装置，由装有一根旋转轴杆的水浴锅构成。旋转轴呈放射形支承着多只容量为（550±50mL）的不锈钢容器，直径为（75±5）mm，高为（125±10）mm，从轴中心到容器底部的距离为（45±10）mm。轴和容器的转速为（40±2）r/min。水浴温度由恒温器控制，使试验溶液保持在规定温度±2℃内。

能获得与规定设备同样结果的其他机械装置也可用于本试验。要意识到沾污的可能性。

（2）天平，精确至±0.01g

（3）机械搅拌器，最小转速 16.667s⁻¹（1000 r/min），确保容器内物质充分散开，防止沉淀。

（4）耐腐蚀的不锈钢珠，直径约为 6mm。

（5）加热皂液的装置，如加热板。

3. 试剂和材料

（1）肥皂，以干重计，所含水分不超过 5%，并符合下列要求：

游离碱（以 Na_2CO_2 计）	≤0.3%
游离碱（以 NaOH 计）	≤0.1%
总脂肪物	≥850g/kg
制备肥皂混合脂肪酸冻点	≤30℃
碘值	≤50

肥皂不应含荧光增白剂。

（2）无水碳酸钠（Na_2CO_3）。

（3）皂液，条件为 A 和 B 的试验，每升水中含 5g 肥皂，条件为 C、D 和 E 的试验，每升水中含 5g 肥皂和 2g 碳酸钠。

建议用搅拌器将肥皂充分地分散溶解在温度为（25±5）℃的三级水中，搅拌时间（10±1）min。

（4）三级水，符合 GB/T 6682。

（5）贴衬织物（见 GB/T 6151），按下面要求选用。

①多纤维贴衬织物，符合 GB/T 11404，根据试验温度选用：

——含羊毛和醋纤的多纤维贴衬织物（用于 40℃和 50℃的试验，某些情况下也可用于 60℃的试验，需在试验报告中注明。

——不含羊毛和醋纤的多纤维贴衬织物（用于某些 60℃的试验和所有 95℃的试验）。

②两块单纤维贴衬织物，符合 GB/T 7565、GB/T 7568.1、GB/T 7568.4、GB/T 7568.5、7568.6、GB/T 11403、GB/T 13765、ISO 105-F07。

第一块与试样同类的纤维制成，第二块由表 6-1 规定的纤维制成。如试样为混纺或交织品，则第一块由主要含量的纤维制成，第二块由次要含量的纤维制成。或另作规定。

表 6-1　单纤维贴衬织物的选择

第一块	第二块	
	40℃和 50℃的试验	60℃和 95℃的试验
棉	羊毛	黏胶纤维
羊毛	棉	—
丝	棉	—
麻	羊毛	黏胶纤维

续表

第一块	第二块	
	40℃和50℃的试验	60℃和95℃的试验
黏胶纤维	羊毛	棉
醋酯纤维	黏胶纤维	黏胶纤维
聚酰胺纤维	羊毛或棉	棉
聚酯纤维	羊毛或棉	棉
聚丙烯腈纤维	羊毛或棉	棉

（6）一块染不上色的织物（如聚丙烯），需要时用。

（7）灰色样卡，用于评定变色和沾色，符合 GB 250 和 GB 251；或光谱测色仪，依据 GB/T 8424.1、FZ/T 01023 和 FZ/T 01024 评定变色和沾色。

4. 试样

（1）若试样为织物，按以下方法之一制备组合试样：

a）取 100mm×40mm 试样一块，正面与一块 100mm×40mm 含羊毛和醋纤的多纤维贴衬织物相接触，沿一短边缝合。

b）取 100mm×40mm 试样一块，夹于两块 100mm×40mm 不含羊毛醋纤的单纤维贴衬织物之间，沿一短边缝合。

（2）可以将纱线编织成织物，按照织物的方式进行试验。当试样为纱线或散纤维时，取纱线或散纤维的质量约等于贴衬织物总质量的一半，并按以下方法之一制备组合试样：

a）夹于一块 100mm×40mm 多纤维贴衬织物及一块 100mm×40mm 染不上色的织物之间，沿四边缝合（见 GB/T 6151）。

b）夹于两块 100mm×40mm 规定的单纤维贴衬织物之间，沿四边缝合。

（3）用天平测定组合试样的质量，单位为 g，以便于精确浴比。

5. 操作程序

（1）按照所采用的试验方法来制备皂液。

（2）将组合试样以及规定数量的不锈钢珠放在容器内，依据表 6-2 注入预热至试验温度 ±2℃的需要量的皂液，浴比为 50∶1，盖上容器，立即依据表 6-2 中规定的温度和时间进行操作，并开始计时。

表 6-2 试验条件

试验方法编号	温度/℃	时间	钢珠数量/个	碳酸钠
A（1）	40	30min	0	—
B（2）	50	45min	0	—
C（3）	60	30min	0	+
D（4）	95	30min	10	+
E（5）	95	4h	10	+

注意：宜将含荧光增白剂和不含荧光增白剂的试验所用容器清楚地区分开。

注：其他试验所用洗涤剂和商业洗涤剂中的荧光增白剂可能会沾污容器。如果在后来使用不含荧光增白剂的洗涤剂的试验中，使用这种沾污的容器，可能会影响到试样色牢度的级数。

（3）对所有试验，洗涤结束后取出组合试样。分别放在三级水中清洗两次，然后在流动水中冲洗至干净。

（4）对所有方法，用手挤去组合试样上过量的水分。

如果需要，留一个短边上的缝线，去除其余缝线，展开组合试样。

（5）将试样放在两张滤纸之间并挤压除去多余水分，再将其悬挂在不超过 60℃的空气中干燥，试样与贴衬仅由一条缝线连接。

（6）用灰色样卡或仪器，对比原始试样，评定试样的变色和贴衬织物的沾色。见 GB 250，GB 251，GB/T 8424.3，FZ/T 01023，FZ/T 01024。

（二）纺织品拉伸性能标准

纺织品拉伸性能（断裂强力和断裂伸长率）的测定根据现行国家标准 GB/T 3923.1—2013，其具体内容如下。

1. 术语和定义

（1）等速伸长（CRE）试验仪。在整个试验过程中，夹持试样的夹持器一个固定、另一个以恒定速度运动，使试样的伸长与时间成正比的一种拉伸试验仪器。

（2）条样试验。试样整个宽度被夹持器夹持的一种织物拉伸试验。

（3）隔距长度。试验装置上夹持试样的两个有效夹持点之间的距离。

（4）初始长度。在规定的预张力下，试验装置上夹持试样的两个有效夹持点之间的距离（3.3）。

（5）预张力。在试验开始前施加于试样的力。

注：预张力用于确定试样的初始长度。

（6）伸长。因拉力的作用引起试样长度的增量，以长度单位表示。

（7）伸长率。试样的伸长与其初始长度之比，以百分率表示。

（8）断裂伸长率。在最大力的作用下产生的试样伸长率（图 6-1）。

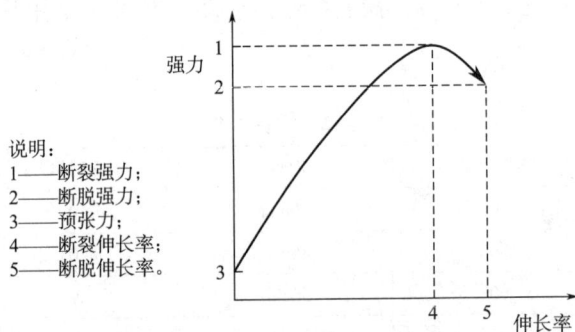

说明：
1——断裂强力；
2——断脱强力；
3——预张力；
4——断裂伸长率；
5——断脱伸长率。

图 6-1　强力—伸长率曲线示例图

（9）断脱伸长率。对应于断脱强力的伸长率（图6-1）。

（10）断脱强力。在规定条件下进行的拉伸试验过程中，试样断开前瞬间记录的最终的力（图1）。

（11）断裂强力。在规定条件下进行的拉伸试验过程中，试样被拉断记录的最大力（图6-1）。

2. 原理

对规定尺寸的织物试样，以恒定伸长速度拉伸直至断脱。记录断裂强力及断裂伸长率，如果需要，记录断脱强力及断脱伸长率。

3. 取样

按织物的产品标准规定或有关方协议取样。

在没有上述要求的情况下，推荐采用 GB/T 3923.1—2013 附录 A 的取样规定。

试样应具有代表性，应避开褶痕、褶皱和布边等。GB/T 3923.1—2013 附录 B 给出了从实验室样品上剪取试样的一个示例。

4. 器具及试剂

（1）等速伸长（CRE）试验仪的计量确认体系应符合 GB/T 19022 规定。

注：如果使用平面夹钳不能防止试样滑移或钳口断裂，可采用绞盘夹具，并使用伸长计跟踪试样上的两个标记点来测量伸长。

（2）裁剪试样和拆除纱线的器具。

（3）用于在水中浸湿试样的器具。

（4）符合 GB/T 6682 要求的三级水，用于浸湿试样。

（5）非离子湿润剂。

5. 调湿和试验大气

预调湿、调湿和试验用大气应按 GB/T 6529 的规定执行。

注：推荐试样在松弛状态下至少调湿 24h。

对于湿润状态下试验不要求预调湿和调湿。

6. 试样

（1）通则。从每一个实验室样品剪取两组试样，一组为经向（或纵向）试样，另一组为纬向（或横向）试样。

每组试样至少应包括 5 块试样，如果有更高精度的要求，应增加试样数量。按规定取样，试样应距布边至少 150mm。经向（或纵向）试样组不应在同一长度上取样，纬向（或横向）试样组不应在同一长度上取样。

（2）尺寸。每块试样的有效宽度应为 50mm±0.5mm（不包括毛边），其长度应能满足隔距长度 200mm，如果试样的断裂伸长率超过 75%，隔距长度可为 100mm。

（3）试样准备。对于机织物，试样的长度方向应平行于织物的经向或纬向，其宽度应根据留有毛边的宽度而定。从条样的两侧拆去数量大致相等的纱线，直至试样的宽度达到规定的尺寸。毛边的宽度应保证在试验过程中长度方向的纱线不从毛边中脱出。

注：对一般机织物，毛边约为 5mm 或 15 根纱线的宽度较为合适。对较紧密的机织物，

较窄的毛边即可。对较稀松的机织物，毛边约为 10mm。

对于每厘米仅包含少量纱线的织物，拆边纱后应尽可能接近试样规定的宽度。计数整个试样宽度内的纱线根数，如果大于或等于 20 根，则该组试样拆边纱后的试样纱线根数应相同；如果小于 20 根，则试样的宽度应至少包含 20 根纱线。如果试样宽度不是 50mm±0.5mm，试样宽度和纱线根数应在试验报告中说明。

对于不能拆边纱的织物，应沿织物纵向或横向平行剪切宽度为 50mm 的试样。一些只有撕裂才能确定纱线方向的机织物，其试样不应采用剪切法达到要求的宽度。

（4）湿润试验的试样。如果还需要测定织物湿态断裂强力，则剪取试样的长度应至少为测定干态断裂强力试样的 2 倍。给每条试样的两端编号、扯去边纱后，沿横向剪为两块，一块用于测定干态断裂强力，另一块用于测定湿态断裂强力，确保每对试样包含相同根数长度方向的纱线。根据经验或估计浸水后收缩较大的织物，测定湿态断裂强力的试样的长度应比测定干态断裂强力的试样长一些。

7. 程序

（1）设定隔距长度。对于断裂伸长率小于或等于 75% 的织物，隔距长度为 200mm±1mm；对于断裂伸长率大于 75% 的织物，隔距长度为 100mm±1mm。

（2）设定拉伸速度。根据表 6-3 中的织物断裂伸长率，设定拉伸试验仪的拉伸速度或伸长速率。

表 6-3　拉伸速度

隔距长度/ mm	织物的断裂伸长率/%	伸长速率/ （%/min）	拉伸速度/ （mm/min）
200	<8	10	20
200	≥8 且≤75	50	100
100	>75	100	100

（3）夹持试样。

①通则。试样可采用在预张力下夹持，或者采用松式夹持，即无张力夹持。当采用预张力夹持试样时，产生的伸长率应不大于 2%。如果不能保证，则采用松式夹持。

注：同一样品的两方向的试样采用相同的隔距长度、拉伸速度和夹持状态，以断裂伸长率大的一方为准。

②松式夹持。采用松式夹持方式夹持试样的情况下，在安装试样以及闭合夹钳的整个过程中其预张力应保持低于下面给出的预张力，且产生的伸长率不超过 2%。

计算断裂伸长率所需的初始长度应为隔距长度与试样达到预张力的伸长之和。试样的伸长从强力—伸长曲线图上对应于下面给出的预张力处测得。

如果使用电子装置记录伸长，应确保计算断裂伸长率时使用准确的初始长度。

③采用预张力夹持。根据试样的单位面积质量采用如下的预张力。

a）≤200g/m²：2N；

b） >200g/m², ≤500g/m²：5N；

c） >500g/m²：10N；

注：断裂强力低于 20N 时，按概率断裂强力的（1±0.25)%确定预张力。

（4）测定。

①测定和记录。在夹钳中心位置夹持试样，以保证拉力中心线通过夹钳的中点。

启动试验仪，使可移动的夹持器移动，拉伸试样至断脱。记录断裂强力，单位为牛顿（N）；记录断裂伸长或断裂伸长率，单位毫米（mm）或百分率（%）。如果需要，记录断脱强力、断脱伸长和断脱伸长率。

记录断裂伸长或断裂伸长率到最接近的数值：

断裂伸长率<8%时：0.4mm 或 0.2%；

断裂伸长率≥8%且≤75%：1mm 或 0.5%；

断裂伸长率>75%时：2mm 或 1%。

每个方向至少试验 5 块试样。

②滑移。如果试样沿钳口线的滑移不对称或滑移量大于 2mm，舍弃试验结果。

③钳口断裂。如果试样在距钳口线 5mm 以内断裂，则记为钳口断裂。当 5 块试样试验完毕，若钳口断裂的值大于最小的"正常"值，可以保留该值。如果小于最小的"正常"值，应舍弃该值，另加试验以得到 5 个"正常"断裂值。如果所有的试验结果都是钳口断裂，或得不到 5 个"正常"断裂值，应报告单值，且无需计算变异系数和置信区间。钳口断裂结果应在试验报告中说明。

（5）湿润试验。将试样从液体中取出，放在吸水纸上吸去多余的水分后，立即按上面步骤进行试验。预张力取规定的 1/2。

8. 结果的计算与表示

（1）分别计算经纬向（或纵横向）的断裂强力平均值，如果需要，计算断脱强力平均值，单位为牛顿（N）。

计算结果按如下修约：

a） <100N：修约至 1N；

b） ≥100N 且<1000N：修约至 10N；

c） ≥1000N：修约至 100N。

注：根据需要，计算结果可修约至 0.1N 或 1N。

（2）按式（1）和式（3）计算每个试样的断裂伸长率，以百分率表示。如果需要，按式（2）和式（4）计算断脱伸长率。

预张力夹持试样：

$$E = \frac{\Delta L}{L_0} \times 100\% \tag{1}$$

$$E_r = \frac{\Delta L_t}{L_0} \times 100\% \tag{2}$$

松式夹持试样：

$$E = \frac{\Delta L' - L_0'}{L_0 + L_0'} \times 100\%$$ （3）

$$E_r = \frac{\Delta L_t' - L_0'}{L_0 + L_0'} \times 100\%$$ （4）

式中：E——断裂伸长率，%；

ΔL——预张力夹持试样时的断裂伸长（图6-2），mm；

L_0——隔距长度，mm；

E_r——断脱伸长率，%；

ΔL_t——预张力夹持试样时的断脱伸长（图6-3），mm；

$\Delta L'$——松式夹持试样时的断裂伸长（图6-2），mm；

L_0'——松式夹持试样达到规定预张力时的伸长，mm；

$\Delta L_t'$——松式夹持试样时的断脱伸长（图6-3），mm。

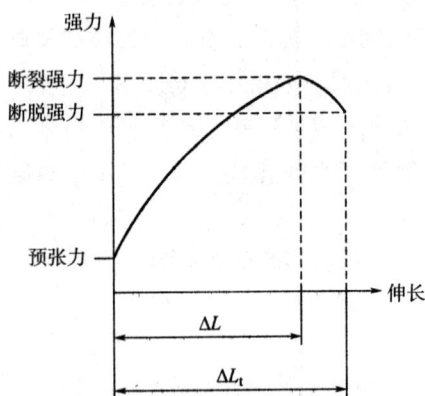

图6-2　预张力夹持试样的拉伸曲线

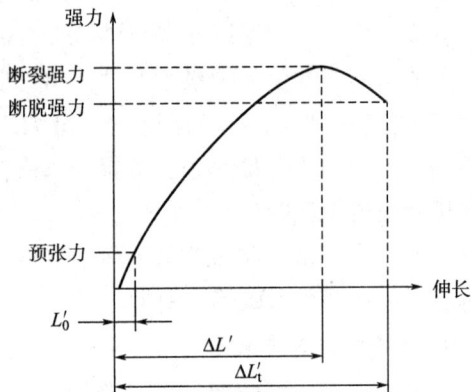

图6-3　松式夹持试样的拉伸曲线

分别计算经纬向（或纵横向）的断裂伸长率平均值，如果需要，计算断脱伸长率平均值。计算结果按如下要求修约：

a）断裂伸长率<8%：修约至0.2%；

b）断裂伸长率≥8%且≤75%：修约至0.5%；

c）断裂伸长率>75%：修约至1%。

（3）如果需要，计算断裂强力和断裂伸长率的变异系数，修约至0.1%。

（4）如果需要，按式（5）确定断裂强力和断裂伸长率的95%置信区间，修约方法同平均值。

$$X - S \times \frac{t}{\sqrt{n}} < \mu < X + S \times \frac{t}{\sqrt{n}}$$ （5）

式中：μ——置信区间；

X——平均值；

S——标准偏差；

t——由 t-分布表查得。当 $n=5$，置信度为 95% 时，$t=2.776$；

n——试验次数。

（三）耐汗渍色牢度试验标准

耐汗渍色牢度的测定根据现行国家标准 GB/T 3922—2013，具体内容如下。

1. 原理

将纺织品试样与标准贴衬织物缝合在一起，置于含有组氨酸的酸性、碱性两种试液中分别处理，去除试液后，放在试验装置中的两块平板间，使之受到规定的压强。再分别干燥试样和贴衬织物。用灰色样卡或仪器评定试样的变色和贴衬织物的沾色。

2. 设备和材料

（1）试验装置。每组试验装置由一个不锈钢架和质量约 5kg、底部面积为 60mm× 115mm 的重锤配套组成；并附有尺寸约 60mm×115mm×1.5mm 的玻璃板或丙烯酸树脂板。当 (40±2) mm× (100±2) mm 的组合试样夹于板间时，可使组合试样受压强 (12.5±0.9) kPa。试验装置的结构应保证试验中移开重锤后，试样所受压强保持不变。

如果组合试样的尺寸不是 (40±2) mm × (100±2) mm，所用重锤对试样施加的名义压强应为 (12.5±0.9) kPa。

（2）恒温箱。保持温度在 (37±2)℃。

（3）碱性试液。所用试剂为化学纯，用符合 GB/T 6682 的三级水配制试液，现配现用。每升试液含有：

L-组氨酸盐酸盐一水合物（$C_6H_9O_2N_3 \cdot HC1 \cdot H_2O$）	0.5g
氯化钠（NaCl）	5.0g
磷酸氢二钠十二水合物（$Na_2HPO_4 \cdot 12H_2O$）	5.0g 或
磷酸氢二钠二水合物（$Na_2HPO_4 \cdot 12H_2O$）	2.5g

用 0.1mol/L 的氢氧化钠溶液调整试液 pH 至 8.0±0.2。

（4）酸性试液。所用试剂为化学纯，用符合 GB/T 6682 的三级水配制试液，现配现用。每升试液含有：

L-组氨酸盐酸盐一水合物（$C_6H_9O_2N_3 \cdot HC1 \cdot H_2O$）	0.5g
氯化钠（NaCl）	5.0g
磷酸二氢钠二水合物（$Na_2HPO_4 \cdot 12H_2O$）	2.2g

用 0.1mol/L 的氢氧化钠溶液调整试液 pH 至 5.5±0.2。

（5）贴衬织物。下面贴衬织物任选其一。

①一块多纤维贴衬，符合 GB/T 7568.7。

②两块单纤维贴衬织物，符合 GB/T 7568.1~7568.6、GB/T 13765。第一块贴衬应由试样的同类纤维制成，第二块贴衬由表 6-4 规定的纤维制成。如试样为混纺或交织品，则第一块贴衬由主要含量的纤维制成，第二块贴衬由次要含量的纤维制成。或另作规定。

表 6-4　单纤维贴衬织物的选择

第一块贴衬织物	第二块贴衬织物	第一块贴衬织物	第二块贴衬织物
棉	羊毛	粘纤	羊毛
羊毛	棉	聚酰胺纤维	羊毛或棉
丝	棉	聚酯纤维	羊毛或棉
麻	羊毛	聚丙烯腈纤维	羊毛或棉

③一块染不上色的织物（如聚丙烯纤维织物），需要时使用。

（6）评定变色用灰色样卡，符合 GB/T 250。

（7）评定沾色用灰色样卡，符合 GB/T 251。

（8）分光光度测色仪或色度计。评定变色和沾色，符合 FZ/T 01023 和 FZ/T 01024。

（9）一套 11 块的玻璃或丙烯酸树脂板。

（10）耐腐蚀平底容器。

（11）天平，精确至 0.01g。

（12）三级水，符合 GB/T 6682。

（13）pH 计，精确至 0.1。

3. 试样

（1）对于织物，按以下方法之一制备组合试样：

a）取（40±2）mm×（100±2）mm 试样一块，正面与一块（40±2）mm×（100±2）mm 多纤维贴衬织物相接触，沿一短边缝合；

b）取（40±2）mm×（100±2）mm 试样一块，夹于两块（40±2）mm×（100±2）mm 单纤维贴衬织物之间，沿一短边缝合。对印花织物试验时，正面与二贴衬织物每块的一半相接触，剪下其余一半，交叉覆于背面，缝合二短边。如一块试样不能包含全部颜色，需取多个组合试样以包含全部颜色。

（2）.对于纱线或散纤维，取纱线或散纤维的质量约等于贴衬织物总质量的一半，并按下述方法之一制备组合试样：

a）夹于一块（40±2）mm×（100±2）mm 多纤维贴衬织物及一块（40±2）mm×（100±2）mm 染不上色的织物之间，沿四边缝合（见 GB/T 6151）；

b）夹于两块（40±2）mm×（100±2）mm 单纤维贴衬织物之间，沿四边缝合。

4. 操作程序

（1）将一块组合试样平放在平底容器内，注入碱性试液使之完全润湿，试液 pH 为 8.0±0.2，浴比约为 50∶1，在室温下放置 30min，不时揿压和拨动，以保证试液充分且均匀地渗透到试样中。倒去残液，用两根玻璃棒夹去组合试样上过多的试液。

将组合试样放在两块玻璃板或丙烯酸树脂板之间，然后放入已预热到试验温度的试验装置中，使其所受名义压强为（12.5±0.9）kPa。

采用相同的程序将另一组合试样置于 pH 为 5.5±0.2 的酸性试液中浸湿，然后放入另一个已预热的试验装置中进行试验。

注：每台试验装置最多可同时放置 10 块组合试样进行试验，每块试样间用一块板隔开（共 11 块），如少于 10 个试样，仍使用 11 块板，以保持名义压强不变。

（2）把带有组合试样的试验装置放入恒温箱内，在（37±2）℃下保持 4h。根据所用试验装置类型，将组合试样呈水平状态（图 6-4）或垂直状态（图 6-5）放置。

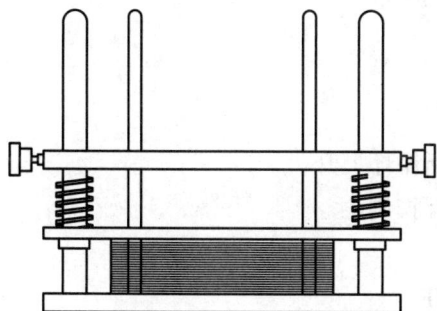

图 6-4　水平状态

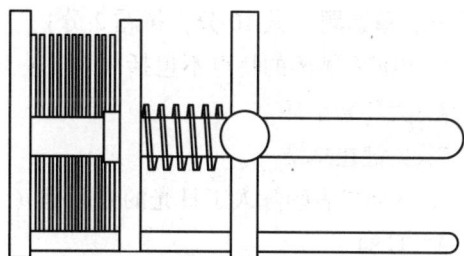

图 6-5　垂直状态

（3）取出带有组合试样的试验装置，展开每个组合试样，使试样和贴衬间仅由一条缝线连接（需要时，拆去除一短边外的所有缝线），悬挂在不超过 60℃ 的空气中干燥。

（4）用灰色样卡或仪器评定每块试样的变色和贴衬织物的沾色。对许多使用含铜直接染料染色的或经铜盐后处理的纤维素纤维，特定试验和自然出汗会引起铜从染色织物上转移。这可能会引起耐光、耐汗渍或耐洗涤色牢度的显著改变，建议评级时考虑到这种可能性。

【过关自测题】

一、填空题

1. 根据质量标准的性质和使用范围，我国采用的纺织品质量评价标准可分为：国际标准（ISO）、（　　　　）、（　　　　）、（　　　　）、企业标准。其中，（　　　）标准按性质分为：强制性标准和（　　）标准。

2. 把产品实际达到的水平与规定的质量标准进行比较，凡是符合或超过标准的产品称为（　　　），不符合质量标准的称为（　　）。（　　　）中按其符合质量标准的程度不同，又分为一等品、二等品、三等品等。（　　　）中包括次品和废品。

二、名词解释

国际标准；国内标准；行业标准；地方标准；企业标准

三、简答题

1. 简述纺织品质量评价标准的种类及含义。

2. 概述纺织品色牢度测试中多纤维贴衬的组成。

课程过关自测试题

试题 （一）

一、单选题（共 10 分，每题 2 分）

1. PDCA 循环的特点不包括（　　）。

A. 大环套小环　　　　　　　　　B. 不断循环上升

C. 关键在总结　　　　　　　　　D. 相互抑制

2. 下列代表国际人工日光的光源是（　　）。

A. TL84　　　　　　　　　　　　B. CWF

C. D65　　　　　　　　　　　　D. UV

3. 纺织品印花时，常用的助溶吸湿剂为（　　）。

A. 尿素　　　　　　　　　　　　B. 防染盐 S

C. 亚硝酸钠　　　　　　　　　　D. 乙二醇

4. 下列属于织物功能性整理的是（　　）。

A. 抗静电整理　　　　　　　　　B. 拉幅整理

C. 定型整理　　　　　　　　　　D. 烘干整理

5. （　　）工艺适宜印制白地花样，即地面积较大，花型较小较分散的花稿图案。

A. 直接印花　　　　　　　　　　B. 拔染印花

C. 防染印花　　　　　　　　　　D. 防印印花

二、填空题（共 10 分，每题 2 分）

1. 蚕丝制品经练漂脱胶后，手感（　　）（　　），具有独特的（　　）感。

2. 纺织品织造疵病可分为（　　）疵病、（　　）疵病和其他疵病。（　　）疵病是指在经线方向上发生的疵病，将无法区分发生方向的疵病归为（　　）。

3. 纺织品印花大部分是（　　）印花，也有少量（　　）、毛条印花。

4. 织物整理时，若坯布幅宽略大，可适当增加（　　）张力；坯布幅宽略小时，适当增加（　　）张力并进行适当的（　　）均可使幅宽达到要求。但是，如果坯布幅宽离成品要求相差过大时，则很难通过调整（　　）张力来达到要求。

5. 根据标准的性质和使用范围，可分为（　　）标准、（　　）标准、（　　）标准、（　　）标准和企业标准。

三、判断题（共 20 分，每题 2 分）

（　　）1. 疏水性纤维的印花产品在蒸化前需要充分给湿。

（　　）2. 叠版印、压糊是平版筛网印花常见的疵病。

172

（　　）3. 吸湿性强的织物易缩水，要尽量采用松式加工设备。

（　　）4. 充分染色后，提高染液温度，上染百分率还会提高。

（　　）5. 颜色的色调、纯度、亮度都取决于照射光的强度。

（　　）6. 从产品质量的产生、形成和实现的过程，可以把产品质量进一步分为调研质量、设计质量、制造质量和使用质量。

（　　）7. 全面质量管理的特点是管理的对象是全面的，管理的范围是全面的，管理质量的方法是全面的，参加质量管理的人员是全面的。

（　　）8. 因果图是指用来表示质量特性与原因关系的图。通常见到的因果分析图大多是按人、机、料、法四大因素来分类的。

（　　）9. ISO 14000 环境管理体系标准与 ISO 9000 质量管理体系标准对组织的许多要求是不相通的，两套标准不可以结合在一起使用。

（　　）10. Oeko-Tex Standard 100 建立的依据是纺织生态学，其证书的有效期是 3 年。

四、名词解释（共 12 分，每题 3 分）

1. 匀染性

2. 织物整理

3. 质量

4. 质量特性

五、简答题（共 36 分，每题 6 份）

1. 请例举至少 5 个本专业毕业生主要就业工作岗位，你的目标工作岗位是什么？

2. 写出主次因素排列图的作图步骤与注意事项

3. 归纳摩擦牢度的影响因素及控制措施

4. 写出平网印花及滚筒印花排版的一般原则

5. 简述织物抗静电性的影响因素及控制措施

6. 概述 PDCA 循环的四个阶段及其特点

六、综合题（12 分）

搜集印染企业一定时期内，影响产品质量的相关因素，应用主次因素排列图法找出存在的主要问题，应用因果分析图法分析出主要原因，并制订解决措施。

试题（二）

一、单选题（共 10 分，每题 2 分）

1. 织造疵点包括（　　）。

A. 径向疵点　　　　　　　　　　B. 纬向疵点

C. 其他疵点　　　　　　　　　　D. 全是

2. 白地花样适宜的印花工艺是（　　）。

A. 拔染印花　　　　　　　　　　B. 直接印花

C. 防染印花 　　　　　　　　　　D. 拔印印花

3. 制订染色工艺的主要依据有（　　　）。

A. 色泽与被染物用途　　　　　　B. 染化料性能

C. 设备性能及产品适应性　　　　D. 全是

4. 颜色深与浅与（　　　）有关。

A. 纯度　　　　　　　　　　　　B. 色调

C. 亮度　　　　　　　　　　　　D. 染料用量

5. 我国标准耐日晒色牢度分为（　　　）级，（　　　）级耐日晒色牢度最好。

A. 1~8，8　　　　　　　　　　　B. 1~5，5

C. 1~8，1　　　　　　　　　　　D. 1~5，1

二、填空题（共10分，每题2分）

1. 纤维强力可分为（　　　）强和（　　　）强，干强大于湿强的纤维有（　　　）（　　　）等，干强小于湿强的纤维有（　　　）（　　　）等，干、湿强变化不大的纤维有（　　　）等。

2. 染色设备应具备的基本条件是：（　　　）适用性强，（　　　）程度高，一机（　　　）用，适用多品种加工要求，织物在设备中尽可能以（　　　）张力或（　　　）运行。

3. 平网印花制版材料主要包括（　　　）框架、（　　　）、（　　　）。

4. 织物抗皱性的影响因素主要有：纤维的（　　　）、织物的（　　　）和树脂整理的工艺因素等。

5. 国际生态纺织品标准100建立的依据是（　　　），规定了相应的（　　　）物质的限量和（　　　）项目；其标签的意义是（　　　）、（　　　）、（　　　）、（　　　）、对（　　　）友好。

三、判断题（共20分，每题2分）

（　　　）1. 平纹织物印制大块面花型时，筛网必须斜绷，以防止产生"松板印"疵病。

（　　　）2. 印花产品蒸化工艺主要包括温度、压力和时间。

（　　　）3. 对于大面积的花型来说，均匀度不是一个重要的质量指标。

（　　　）4. 主次因素排列图应用了"关键的少数，次要的多数"的原理。

（　　　）5. 必要时加入适当的固色剂是提高耐皂洗色牢度的措施之一。

（　　　）6. 质量管理可以说就是对质量进行控制。

（　　　）7. 主次因素排列图是用来寻找主要问题或影响问题的主要原因所使用的图。

（　　　）8. ISO 9000质量管理体系认证证书有效期为1年，到期若继续，需提出再认证。

（　　　）9. 国际生态纺织品标准100，即Oeko-Tex Standard 100，是世界上最权威的、影响最广的生态纺织品标签。

（　　　）10. ISO 14000系列标准为解决环境问题提供了一套同依法治理相辅相成的科学管理工具。

四、名词解释（共12分，每题3分）

1. 图案对样准确性

2. 织物手感

3. 质量方针

4. 工作质量

五、简答题 （共 36 分，每题 6 分）

1. 简述练漂产品内在质量指标及要求。

2. 简述采用标准光源进行色泽对样的原因及常用的标源光源类型。

3. 分别列举印花产品外观与内在质量指标。

4. 简述常见棉织物后整理的外观质量指标及要求。

5. 写出 PDCA 循环的工作程序。

6. 归纳印染企业做好布匹管理的措施。

六、综合题 （共 12 分）

请任选一种染色、印花疵病，分别描述其形态，用因果分析图法分析其产生原因，并制订相应控制措施。

试题 （三）

一、单选题 （共 10 分，每题 2 分）

1. 下列纤维干强大于湿强的是 （　　）。

A. 黏胶纤维　　　　　　　　　　B. 棉

C. 涤纶　　　　　　　　　　　　D. 麻

2. ISO 9000 认证证书的有效期为 （　　） 年。

A. 4　　　　　　　　　　　　　B. 5

C. 3　　　　　　　　　　　　　D. 1

3. 影响染色透染性的因素包括 （　　）。

A. 助剂　　　　　　　　　　　　B. 时间

C. 染料性能　　　　　　　　　　D. 全是

4. 棉织物经练漂后其白度一般要求达 （　　） 以上。

A. 60%　　　　　　　　　　　　B. 70%

C. 85%　　　　　　　　　　　　D. 90%

5. 平网印花排版的一般原则不包括 （　　）。

A. 从细到粗　　　　　　　　　　B. 从深到浅

C. 从高到低　　　　　　　　　　D. 复白在前，雕白在后

二、填空题 （共 10 分，每题 2 分）

1. 纤维强力主要取决于纤维分子的 （　　） 和 （　　）。

2. 分光光度计在印染行业中可用于对染化料进行 （　　） 分析和 （　　） 分析。

3. 对白地面积较大，花型较小、较分散的花样印花，适宜采用 （　　） 印花工艺；对深色花型块面上有清晰的细小浅色线、点的花样印花，适宜采用 （　　） 或 （　　） 印花

工艺。

4. 为了控制织物缩水率，对于吸湿性比较大的织物，要尽量采用（　　）加工设备；对受热易收缩变形的（　　）纤维织物，要合理控制加工设备的（　　）和加工温度。

5. ISO 的使命在于促进世界（　　）的发展和相关活动，有利于（　　）贸易；而 ISO 14000 系列标准是为促进全球（　　）质量的改善而制定的。

三、判断题（共10分，每题2分）

（　　）1. 蒸化过程易产生搭色和色泽深浅的疵病，主要原因在于温度控制不当。

（　　）2. 涂料印花的优点是色谱齐全、工艺简单、适应范围广。

（　　）3. 印花用黏合剂不需要具备较高的黏着力。

（　　）4. 织物的织缩率越高，其缩水率越高。

（　　）5. 纺织品印花蒸化时，湿度过大，时间过长均会严重影响图案清晰度。

四、名词解释（共16分，每题4分）

1. 色牢度

2. 产品质量

3. 质量保证

4. 质量管理

五、简答题（共42分，每题7分）

1. 写出棉及棉型织物练漂产品的外观质量要求。

2. 归纳染色产品质量的总体要求。

3. 写出你所知道的印花工艺种类（至少6种）及基本原理。

4. 简述织物后整理的目的。

5. ISO、ISO 9000 族标准分别指什么？

6. 国际生态纺织品标准 100 将产品按最终用途分为哪几类？

六、综合题（共12分）

请任选一种练漂、整理疵病，分别描述其形态，用因果分析图法分析其产生原因，并制订相应控制措施。

试题（四）

一、单选题（共10分，每题2分）

1. 主次因素排列图又称（　　）。

A. 帕累托图　　　　　　　　　B. 石川图

C. 鱼刺图　　　　　　　　　　D. 树枝图

2. 推动 PDCA 循环，关键在于（　　）阶段。

A. 计划阶段　　　　　　　　　B. 执行阶段

C. 总结阶段　　　　　　　　　D. 检查阶段

3. 色泽三项基本特征不包括（　　　　）。

A. 色调　　　　　　　B. 亮度　　　　　　　C. 纯度　　　　　　　D. 透明度

4. 与印花工艺有直接关系的外观质量指标是（　　　　）。

A. 幅宽　　　　　　　B. 手感　　　　　　　C. 图案清晰度　　　D. 长度

5. 蚕丝织物经练漂加工后，其白度一般要求达到（　　　　）以上。

A. 30%　　　　　　　B. 85%　　　　　　　C. 70%　　　　　　　D. 80%

二、填空题（共 10 分，每题 2 分）

1. 蚕丝制品经练漂后，白度一般要求达（　　　）以上，一般以略带（　　　）色为佳。

2. 色泽的三项基本特征，又称颜色的三要素，分别是（　　　）（　　　）（　　　）。其中（　　　）取决于物体选择吸收光的最大波长及组成。

3. 纺织品印花设备主要有（　　　）印花机、（　　　）印花机、（　　　）印花机，以及近几年新兴的数码印花机。

4. 织物伸长率的影响因素主要是织物在各个加工工序中承受的（　　　）张力。

5. PDCA 循环的四个阶段中，P 阶段是指（　　　）阶段，D 阶段是指（　　　）阶段，C 阶段是指（　　　）阶段，A 阶段是指（　　　）阶段；推动 PDCA 循环，关键在于（　　　）阶段。

三、判断题（共 10 分，每题 2 分）

（　　　）1. 在普通荧光灯下观察染色产品，色泽一般偏红。

（　　　）2. 制版的准确性是影响印花图案对样准确性的首要因素。

（　　　）3. 分散染料印制深色花型时，所用染料可达 4~6 只。

（　　　）4. 凡是影响纤维本身结构的因素必然是影响纤维强力的因素。

（　　　）5. 纺织品烧毛质量一般可分为五级，一级最好，五级最差。

四、名词解释（共 20 分，每题 4 分）

1. 透染性

2. 特殊内在质量指标

3. 质量标准

4. 质量控制

5. 质量体系

五、简答题（共 35 分，每题 7 分）

1. 写出因果分析图的作图步骤与注意事项。

2. 归纳耐日晒色牢度的影响因素及控制措施。

3. 写出对印花用涂料和黏合剂的要求。

4. 简述织物手感的影响因素及控制措施。

5. 概述印染企业做好染化料管理的措施。

六、综合题（共 15 分）

搜集一定时期内影响某印染企业产品质量或某班级考评的相关资料，应用主次因素排列图法找出主要问题，应用因果分析图法分析出主要原因，并制订相应解决措施。

试题 （五）

一、单选题（共 10 分，每题 2 分）

1. 下列选项中对 PDCA 四个英文字母的理解不正确的是（　　）。

A. P—计划（plan）　　　　　　　B. D—执行（do）

C. C—检查（check）　　　　　　D. A—认可（accept）

2. 下列选项中，平板筛网印花花版制作材料不包括（　　）。

A. 片基　　　　　　　　　　　　B. 花版框架

C. 筛网　　　　　　　　　　　　D. 刮刀

3. 下列不属于染色产品常见疵病的是（　　）。

A. 色点　　　　　　　　　　　　B. 皱印

C. 色差　　　　　　　　　　　　D. 脆损

4. 下列属于水洗工序造成的疵病的是（　　）。

A. 色档　　　　　　　　　　　　B. 白地不白

C. 色点　　　　　　　　　　　　D. 头深

5. 下列哪个是颜色的最基本性能，是色与色之间的主要区别（　　）。

A. 色调　　　　　　　　　　　　B. 纯度

C. 亮度　　　　　　　　　　　　D. 明度

二、填空题（共 10 分，每题 2 分）

1. 主次因素排列图是用来寻找（　　）或（　　）所使用的图。是由两个（　　）坐标，一个（　　）坐标、几个按高低顺序依次排列的（　　）和一条（　　）曲线组成的图；它应用了"（　　），次要的多数"的原理。

2. 染料的（　　）性是影响透染的最重要因素，凡是影响染料（　　）速率的因素都会影响到透染效果；一般情况下，染色温度升高，利于纤维（　　）和染料的（　　），利于透染。

3. 纺织品印花蒸化工艺一般包括（　　）给湿量、蒸化（　　）、蒸化（　　）、蒸化（　　）。

4. 织物后整理的内容大致可分为（　　）整理、（　　）整理和功能整理。

5. （　　）准确性如何，是影响印花产品质量的首要因素，也是印花产品外观质量检验中第（　　）个要评定的内容。

三、判断题（共 10 分，每题 2 分）

（　　）1. 凡是影响染料扩散速率的因素都会影响到织物的透染效果。

（　　）2. 普通棉织物烧毛质量应该达到 3~4 级或 3 级以上。

（　　）3. 染料扩散性是影响透染的最重要因素。

（　　）4. 耐皂洗色牢度与染料的化学结构无关。

（　　）5. 染色产品透染性的要求是产品内外达到匀染。

四、名词解释（共20分，每题4分）

1. 图案清晰度

2. 织物的着火性

3. 质量

4. 质量保证

5. 手感

五、简答题（共35分，每题7分）

1. 简述影响纤维强力的因素及控制措施。

2. 分析色泽对样及匀染性的影响因素及控制措施。

3. 如何正确选择平网印花花版的筛网规格？

4. 简述常见丝织物练漂产品的外观质量指标及要求。

5. 生态纺织品标准100将产品按最终用途分为哪几类？

六、综合题（共15分）

请任选一种练漂、印花疵病，分别描述其形态，用因果分析图法分析其产生原因，并制订相应控制措施。

试题（六）

一、单选题（共10分，每题2分）

1. 丝光棉的性质不包括（　　）。

A. 纤维的重量增加　　　　　　　B. 光泽提高

C. 纤维强力提高　　　　　　　　D. 尺寸稳定性提高

2. 练漂产品的毛细管效应值一般应达（　　）以上。

A. 9cm/40min　　　　　　　　　B. 8cm/30min

C. 7cm/20min　　　　　　　　　D. 6cm/15min

3. 下列不属于印花产品常见疵病的是（　　）。

A. 砂眼　　　　　　　　　　　　B. 套歪与露白

C. 叠版印　　　　　　　　　　　D. 松板印

4. 在相对湿度（　　）时，织物抗静电性大幅降低，甚至无效。

A. 高于40%　　　　　　　　　　B. 低于40%

C. 高于60%　　　　　　　　　　D. 低于50%

5. 织物在加工过程中，强力明显下降，严重时一触就破，我们称为（　　）。

A. 灰伤　　　　　　　　　　　　B. 脆损

C. 披裂　　　　　　　　　　　　D. 破边

二、填空题（共 10 分，每题 2 分）

1. 因果图又称（　　）、（　　）、石川图、特性要因图等，是指用来表示（　　）与（　　）关系的图。通常见到的因果分析图大多是按（　　）、（　　）、料、（　　）、环五大因素来分类的。

2. 一般延长染色时间，一是利于染料（　　），二是利于染料（　　），从而提高匀染和透染性。

3. 调制印花色浆时，若用水太少，（　　）溶解困难，易造成（　　），影响花色的（　　）性；若用水太多，色浆（　　）明显下降，影响图案清晰度。

4. 织物整理质量指标可分为（　　）质量指标和内在质量指标，其中内在质量指标又可分为（　　）质量指标和（　　）质量指标。

5. 调制印花原糊时，糊料一定要充分（　　），生产中常采用（　　）的方法来提高其（　　）程度。

三、判断题（共 10 分，每题 2 分）

（　　）1. 同一种染料在不同纤维上的耐日晒色牢度是一样的。

（　　）2. 同类纤维织物的组织结构紧密厚重的，毛效值较好。

（　　）3. 织物经过阻燃整理后就不会燃烧了。

（　　）4. 纺织品印花后蒸化的目的是使染料迁移到纤维上。

（　　）5. 平网印花时，筛网目数低，色浆透网性好，给浆量多，利于花色块面均匀。

四、名词解释（共 10 分，每题 5 分）

1. 色牢度

2. 染料的最高用量

五、简答题（共 48 分，每题 8 分）

1. 写出纤维白度、毛效值的影响因素及控制措施。

2. 归纳耐皂洗色牢度影响因素及控制措施。

3. 简述对印花原糊的要求。

4. 简述织物平整度的影响因素及控制措施。

5. 写出因果分析图的作图步骤与注意事项。

6. 简述数码印花产品质量影响因素及控制措施

六、综合题（共 12 分）

请任选一种染色、整理疵病，分别描述其形态，用因果分析图法分析其产生原因，并制订相应控制措施。

参考文献

[1] 王菊生，孙铠. 染整工艺原理 [M]. 北京：中国纺织出版社，1990.

[2] 刘泽久. 染整工艺学（第四册）[M]. 北京：中国纺织出版社，1995.

[3] L. W. C. 迈尔斯. 纺织品印花 [M]. 岑乐衍，等，译. 北京：纺织工业出版社，1986.

[4] 周宏湘. 印染技术350问 [M]. 北京：中国纺织出版社，1995.

[5] 周晓虹，王平之. 丝绸织染疵点分析图册 [M]. 北京：中国纺织出版社，1993.

[6] 上海市印染工业公司. 印染手册 [M]. 北京：纺织工业出版社，1987.

[7] 上海市丝绸工业公司. 丝绸染整手册（上册）[M]. 北京：纺织工业出版社，1987.

[8] 中国纺织标准汇编 [S]. 北京：中国标准出版社，2000.

[9] 上海市丝绸工业公司. 丝绸染整手册（下册）[M]. 北京：纺织工业出版社，1988.

[10] 胡木升. 染色产品疵病分析及防止 [M]. 北京：纺织工业出版社，1987.

[11] 王开苗，陈利. 染整技术基础 [M]. 上海：东华大学出版社，2015.

[12] 陈英华. 纺织品印花工艺制订与实施 [M]. 上海：东华大学出版社，2015.

[13] 吴晓晨，闫亦农，王金美，等. 羊绒织物数码喷墨印花失真因素研究 [J]. 毛纺科技，2014，42（6）：17-21.

[14] 黄德朝. 纺织品数码喷墨印花技术与应用研究 [J]. 针织工业，2019（2）：45-48.

[15] 杨静芝. 纺织品数码印花软打样技术及应用研究 [D]. 杭州：浙江理工大学，2017.

[16] 服装数码印花中产生色差的因素以及解决方法 [J]. 网印工业，2020（6）：38-39.